供應鏈之死與ＰＩ的崛起

詹斯敦 Shelton Chan 著
喬治亞理工學院亞太區國際事務執行長

The Death of Supply Chain Management
and the Rise of PI

〈專文推薦〉
一念之間，安於現狀還是勇於改變？

城邦媒體集團首席執行長 何飛鵬

　　機會是給準備好了的人。

　　今天面對 AI 的迅速崛起，人人都受到這股浪潮的影響。然而，就在許多人討論未來有多少工作會被 AI 取代、從事哪些職業的人可能會沒工作、輝達 GTC 大會對台股的影響……，這時候 Shelton 詹斯敦看到了嶄新的機會與希望。

　　他以自己在「物流與供應鏈」領域累積三十年的產學研經驗，花了兩年半的時間，從全方位的視角，寫出《供應鏈之死與 PI 的崛起》這本書，探討如何透過實體 AI，將製造商、零售商、物流商整合入實體互聯網（Physical Internet, PI）之中，共同達到「全贏」的局面。書中處處洞見先機，幫助大家看見轉機。

　　尤其是他提出「當我們是同一間公司」的概念，讓我深受震撼！眾所周知，製造商、物流商、零售商之間不僅存在著合作關係，更有著彼此防備、傾軋與脅迫的關係，大家都想將更多成本轉嫁給對方，以獲取更大的利益。如果能讓這三方建立

專文推薦
一念之間，安於現狀還是勇於改變？

起「當我們是同一間公司」的概念，透過「實體互聯網」，公開透明地分享彼此的資訊，從而共同撙節開支、創造利潤，達到人人皆是贏家的願景，光想著都讓人感到振奮。

在書中，作者不僅提出台灣企業目前所面臨的問題與危機，更擘劃出一幅藍圖，提出明確的解決方案，讓「實體互聯網」不僅確實可行，還有機會為台灣創造競爭優勢。因應這股趨勢，Shelton 詹斯敦不是只有說說，或寫一本書，他甚至著手設立了「台灣智慧物流及供應鏈學校」，有心為台灣培養新一代供應鏈人才。

位居知識產業的一環，出版社不僅是知識與文化的傳播者，更必須具有敏銳的嗅覺，探知趨勢與新知，並將這些內容透過書籍傳送給讀者。站在知識的前線，我們責無旁貸地肩負起傳遞訊號的使命。有時我們吹響前進的號角，與群眾共同奔赴美好新世界；有時我們敲響撤退的警鐘，提醒人們正視危機，做好防備。這本書不僅敲響警鐘，預告了傳統供應鏈之死；更吹響了號角，鼓勵人們突破舊有觀念，勇闖希望的未來。

面對 AI 巨浪，準備好了的人會趴在衝浪板上追浪，當浪潮襲來時，用雙臂撐起身體，迅速站立在衝浪板上，一舉躍上浪頭，享受一片藍海；毫無準備的人，只能任由巨浪吞沒，在大海中載浮載沉。這本書告訴我們，一切都只在一念之間，只要

願意接受新觀念、採取新做法,藍海就在眼前。

　　身為台灣最頂尖的「實體互聯網」專家,Shelton 詹斯敦透過平易近人的文字,將三十年的智慧經驗濃縮於一本書中,讓每個人都能讀懂。這不僅是一本適合製造業、物流業、零售業的書,更是所有關注世界與產業趨勢發展的人必讀的書。我有幸在這本書中窺見「實體互聯網」的藍圖,也希望讀者都擁有與我相同的機會。

〈專文推薦〉
一本協助台灣產業脫胎換骨的「葵花寶典」

李國鼎科技發展基金會副董事長　黃齊元

首先讓我來說結論，這本書絕對是經典。我很少用這樣的形容詞來讚美別人的書，但《供應鏈之死與 PI 的崛起》這本書，符合幾個成為經典的條件。

重點在於本書突破性的觀念。作者詹斯敦（Shelton）憑藉其豐富物流及供應鏈管理專業，提出全新的 PI（Physical Internet，實體互聯網）概念，遠遠超過了當前時代，完全符合未來世界潮流趨勢，更對台灣產業未來提供了轉型藍圖和路徑，可謂天時、地利、人和兼具。作者就當前最重要的供應鏈議題做了精闢分析，說明限制與趨勢，大膽預言「傳統供應鏈已死」，並提出 PI（實體互聯網）是解決問題的最佳方案。

PI 的天時、地利與人和

但為何作者說供應鏈已死？特別是供應鏈乃當前價值鏈最重要的環節之一。其實 Shelton 指的是傳統供應鏈已死，也是一般所謂的封閉式系統，但如果要滿足未來全球斷鏈後的需求，

The Death of Supply Chain Management
and the Rise of PI

勢必要走向開放式供應鏈，形成「供應鏈網絡」，彼此資源共享、互利共榮、智慧連結，否則沒辦法面對龐大的市場以及多變的需求。

首先從天時角度來看 PI，現在中美供應鏈脫鉤造成全世界供應鏈重組，台灣以製造業起家，供應鏈重組對於高科技產業跟傳統產業都將造成重大影響，但多數企業面對川普 2.0 時代的供應鏈變局，完全沒有對策。

其次是地利，台灣是全球供應鏈核心環節。未來的供應鏈分散在全世界各地，從以往單一供應鏈走向多鏈、短鏈、綠鏈趨勢，未來製造和物流會互相整合。台灣的出路不只是製造，更應成為全球供應鏈的中心協調者。

再者是人和，本書作者是世界級供應鏈權威。Shelton 在喬治亞理工學院（Georgia Tech）學的就是物流專業，該校是全美物流領域權威，畢業後他也在供應鏈領域服務了二十多年的時間，包括美國及中國大陸，橫跨科技、傳產與零售，亦為 SOLE（The International Society of Logistics，國際物流協會）理事長。本書是他多年實戰經驗的一個匯總，市場上至今沒有類似的書籍。

掌握精髓，冷門可以變熱門

「物流」在過去是一個比較冷門的領域，就如同當年「製造」

專文推薦
一本協助台灣產業脫胎換骨的「葵花寶典」

也不受到重視。但曾幾何時，物流及製造都變成供應鏈最重要的環節，台積電就是靠製造成為全球晶圓代工的霸主。

Shelton過去十年一直在台灣默默耕耘物流產業，他的恩師Benoit Montreuil是喬治亞理工學院工業工程系講座教授，也是PI（實體互聯網）的創始人。Shelton得到大師傳授創新理論，最大的志業理想，就是希望透過PI將物流變成具有競爭力的商戰武器，並將台灣打造成亞太物流中心。

Shelton表示，物流不應該只單純稱為物流，這是傳統認知，未來物流需和價值鏈其他環節整合，特別是「物流和供應鏈管理」（Logistics and Supply Chain Management），也就是將企業內部流程和外部系統結合起來，這才是實體互聯網的精髓。

這本書另一個迷人的地方在於它的文字，非常流暢口語化，作者引用了許多生動的例子，和其個人執業的經驗互相結合。不僅有國外的趨勢，也有台灣企業面臨的挑戰；不僅點出當前許多問題，更提出具體解方。完整介紹「實體互聯網」（PI），有細節闡述，也有宏觀概念，見樹亦見林。

實體AI與實體互聯網PI

很多人不知道，我們早已進入一個物流新時代，電商大爆發讓物流業務急速增加，新冠疫情期間更大幅帶動外送服務，

007

The Death of Supply Chain Management
and the Rise of PI

　　即使要吃一碗麵也可以外送，但這些都是成本，需要很多資源。

　　中國大陸在物流領域中超出台灣很多，某些公司如拚多多、希音（SHEIN）更是以顛覆性的物流服務加上 AI 運算，打造新電商平台，徹底顛覆電商市場及傳統消費者習慣。而近年來無人機的發達，更促進「低空經濟」興起，讓物流進展到嶄新境界，這都是在台灣的我們所無法想像的。

　　二十五年前，我們開始接觸「互聯網」；十多年前，「物聯網」概念被提出；現在生成式 AI 出現後，又進化到「智聯網」，例如：中國大陸華為打造的「鴻蒙生態系」，即強調「萬物互聯」的概念。

　　最近生成式 AI 大爆發，黃仁勳前陣子來台，特別強調 Physical AI（實體 AI）的概念，他未來看好的領域，包括人形機器人、自動駕駛車及人工智慧代理等。Physical AI 其實類似作者所說的 PI，可以說實體 AI 是「手段」，而實體互聯網（PI）是最終的「結果」。

　　黃仁勳提出的 Physical AI，最大價值應用在「智慧製造」，也就是賦予機器智慧，未來透過「AI 代理人」，機器對機器。實體互聯網（PI）更進一層，利用 Physical AI 手段，賦能各種載體如機器人、自動駕駛車、無人載具等，打造完整的智慧物流網路，講得更精確是「智慧製造」和「智慧物流」的整合。

專文推薦
一本協助台灣產業脫胎換骨的「葵花寶典」

這裡就是行動的起點

　　一本好書需要具備四個「緯度」：高度、深度、廣度、速度，《供應鏈之死與PI的崛起》符合以上這些條件。首先，本書有超於凡人的制高點，提到世界前瞻趨勢；其次，涵蓋了歐美、中國大陸以及台灣的情境；再者，提出了具體作法「How」，而不只是「Why」和「What」；最後，這本書很淺顯易懂，可讓人快速了解重點，好比大補帖，但卻是一本實用的葵花寶典、武功祕笈。

　　這本書除了概念拋磚引玉外，也是未來一連串行動的起始點，Shelton 未來將結合台灣產官學研多方資源，積極推動 PI，我很榮幸能夠跟他一起合作，共同打造對於台灣至為關鍵的生態系。

　　我畢業於台中東海大學，而台中正是台灣精密機械製造及機器人的大本營，連馬斯克當年也是在台中找到代工廠商，才有今天的特斯拉。我和 Shelton 會從台中的精密機械產業開始推動，在東海校園和 Shelton 的母校喬治亞理工學院成立「開放創新平台」及「智慧物流園區」。積極促進產業及物流的智慧化，並透過策略聯盟，加速形成台灣實體互聯網，從台灣走向世界。未來台灣不只是全球製造協調中心，更將是區域物流整合的樞紐！

　　讓我們一起攜手合作，引領台灣進入 PI 的新時代！

The Death of Supply Chain Management
and the Rise of PI

〈專文推薦〉

政府及企業決策者、供應鏈與物流管理人必讀之作

中華民國物流協會理事長 穰穎宣

　　請試著想像未來某一天的場景，你在日本出差，睡前在飯店床上預想著明天的行程，突然想起回國後的週末要為小女兒舉辦慶生派對，太太再三叮嚀不要忘了順便準備禮物：限量版的知名動漫公仔。眼看未來兩天行程根本不可能抽出空到門市購買，而且聽說很缺貨，一股寒意湧上心頭，怪自己這兩天行程排太滿，忽略了這件大事。

動漫公仔的完美旅程

　　你馬上打開手機叫出智慧助理，請智慧助理列出在回國登機前可能買到此熱門商品的三種最佳途徑。數秒後，智慧助理列出了日本關東地區尚有庫存的幾個地區及店家，並詢問要到店購買或配送到飯店。你請智慧助理建議，智慧助理運算過後，提出依據未來你兩天的行程、該商品銷售情況、日本當地的交通及機場流量預測等的建議：到店買到的機率很低，線上

> 專文推薦
> 政府及企業決策者、供應鏈與物流管理人必讀之作

採購配送到飯店會延誤登機的機率很高,建議的方案為即刻下單選擇特急跨境電商配送到府方案,且支付額外的物流運送費用,總費用將超過預算30%。

心想著回家後小女兒滿心期待的表情,只好忍痛下單完成線上付款。經確認系統已接受訂單並收到確認回函,商家還很貼心地附加發送該商品的高清多角度影像檔,一切確認無誤後,你安心地關燈進入夢鄉。

在你沉睡夢中的當下,訂單經過 AI 系統平台運算,找出埼玉縣當地一門市的銷售速度不如預期,庫存水位高出標準,AI 系統即刻將多餘庫存分配給你的訂單,並指派該門市將該商品辦理退貨、搭凌晨三點的送貨車返回物流中心的任務。門市後倉的智能機器人系統接獲任務後,從自動倉裡叫出該商品物流箱,經自走機器人(AMR)傳遞至揀貨工站,再由機器人將退回商品取出放入退貨物流箱,完成之退貨物流箱再經自走機器人運送至出貨暫存區等待。

凌晨三點,自駕物流車停靠碼頭,碼頭及車門自動打開,AMR 將車上智慧棧板及籠車卸下,經碼頭感應器感應每個容器 ID,置放於入庫暫存區待入庫機器人接手入庫。完成卸貨後,AMR 把要退返的籠車及棧板搬運至貨車上,經貨車車廂上之感應器感應每個容器之 ID 確認無誤後,貨車車門自動關閉、離開

碼頭，啟程返回物流中心。

　　自駕貨車回到物流中心，車上返品由 AMR 卸下，並依商品屬性運送至返品檢驗工作站，或再出貨儲區。你訂購的公仔屬於可銷售良品且特急出貨，即被 AMR 運送至出貨區，經出貨分揀及包裝機器人協作，完成跨境國際航空包裹包裝及標示，再被 AMR 送至國際航空出貨碼頭暫存等待。

　　第二天早晨九點，你梳洗完畢用過早餐，出發搭車展開一天的行程，同一時間，你訂購的公仔包裹已搭上前往成田機場航空貨運站的貨車，下午四點經過安檢的包裹已被貨棧的 AMR 運送至暫存區等待裝機，晚上八點三十分載著你訂購的公仔的班機起飛前往桃園國際機場。此時你回到飯店房間梳洗一番，準備與朋友去居酒屋小酌，不放心，在手機上查詢了訂單進度，看到訂單進度圖示顯示著包裹已在前往台灣的班機上，預計送達到家的時間會在你返抵家門之前，心上的石頭稍微放下，放鬆心情與朋友前往居酒屋，享受在日本旅遊的最後一夜。

　　隔天下午一點三十分，登機前，手機傳來訊息，管理室簽收一個包裹，包裹號碼顯示即為你訂購的公仔，帶著輕鬆愉快的心情，你登上班機完成此次完美的日本之旅。

専文推薦
政府及企業決策者、供應鏈與物流管理人必讀之作

迎向智慧供應鏈的曙光

　　數十年來，全球的供應鏈及物流管理人，為實踐上述景象，投入無數心力與資源，歷經無數失敗與挑戰，終於看到了曙光。AI科技的突破是最重要的驅動力，5G、IoT、自駕車、機器人、大數據雲端平台等科技發展奠定了硬體產業鏈的基石。再一次顛覆性的產業革命已蓄勢待發，誰能有效地結合硬體開發、軟體應用以及相應的商業模式，誰將在下一世代的產業競爭中脫穎而出，進而引領時代。

　　智慧供應鏈的三個重要基石為：智慧製造、智慧行銷與智慧物流。在台灣，智慧製造及智慧行銷已經歷多年的努力，尤其智慧製造更是台灣產官學研投注資源與心力的重中之重，唯獨智慧物流，尚未看到各界給予應有的關注，而智慧物流的體現有賴於供應鏈從上游到下游、由製造到零售間的每個節點同時實踐，方能見其成效。在未來的智慧產業競爭中，一個大集團單打獨鬥地包辦一切將越發困難與充滿荊棘，智慧物流更是如此。在發展各自核心競爭力的同時，必須形塑快速連結整合產業聯盟資源的能力；在智慧化的供應鏈生態系中，資源的整合與解構，將會極為頻繁與快速，以因應極為動態的市場變化，跟不上則被排除在外。

The Death of Supply Chain Management
and the Rise of PI

要體現上述智慧供應鏈的終極境界，以 PI（Physical Internet，實體互聯網）概念建構的 AI 化新智慧物流架構，將為智慧供應鏈打通任督二脈，而進入到全 AI 化運作的全新商業型態，促使產業版圖再一次大重組、大洗牌。

商業競爭的戰略重點

本書作者 Shelton，以深入淺出的筆法，將其三十年累積的功力，毫無保留地呈現出來，鉅細靡遺且精闢地闡述實體互聯網（PI）的概念、如何落地實踐，以及對供應鏈產生的巨大效應。實體互聯網（PI）不再只是大學教授提出的學院派理論，而是產業發展次世代競爭力的戰略路徑，各國政府應將其納入產業發展戰略規畫的重點項目，研究機構應將其理論發展更加延伸與完備，而企業更應研發建構於其概念之上的技術應用與商業模式，進而創造全新的商機與競爭規則。

商場如戰場，在 AI 化的商業競爭環境中，勝出者將是算出永遠比對手領先一步的策略，並付諸執行與實踐的人。《供應鏈之死與 PI 的崛起》是今年必讀的大作，我有幸能先睹為快，推薦給具有前瞻思維的廣大讀者朋友。

「這本書是獻給我的孩子們 Wesley、Vera,
　以及他們所將迎接的未來時代。」

「如果你現在不做幫助下一代的事情,那你就是在耍流氓。」

〈作者序〉

這是我人生三部曲的第三本書。

第一本書，我以一位父親的角色，分享如何陪伴兒子走過恢復聽力的歷程。

第二本書，我從現代男人與人生教練的角度，探討如何幫助男性突破自我。

而這第三本書，我回到了最擅長的領域（物流暨供應鏈），總結過去三十年來的產學研經驗，希望幫助企業管理人透過物流與供應鏈能力，降低成本、提升收入，進而在激烈競爭的市場中脫穎而出。

我花了兩年半的時間寫這本書，必須承認，這是我寫過最困難的一本。如何將三十年的經驗做總結，並整理出對讀者真正有幫助的內容，同時帶來新的思維啟發，對我而言是一個重要的生命里程碑和突破。

在此，我要感謝過去三十年來與我並肩作戰的同事、合作夥伴，甚至競爭對手，因為他們的挑戰與支持，讓我不斷成長。此外，感謝我協會的團隊，還有特別是艾立運能的林炫伯

The Death of Supply Chain Management
and the Rise of PI

總經理，感謝他在智慧運輸領域的寶貴經驗分享，使這本書的內容更加豐富，帶來更多值得學習的視角。

從運動場到企業戰場

熟識的朋友都知道我熱愛運動，我常說：「我寧願在球場上熱死，也不願在病床上等死。」我平時打網球、滑雪、從事格鬥訓練、游泳與慢跑，甚至在十八歲時考取了潛水執照（雖然後來並不常下水）。我的朋友潛水時曾拍攝到精彩的照片，畫面中有群在水中游動的魚，正是黃條鰺（Yellowstripe Scad, Selaroides leptolepis），一種於台灣東部、菲律賓、馬來西亞與印尼等地潛水點經常可以看到的群游魚種。

黃條鰺有幾個特性：

- 群游行為（Schooling Behavior）：成群結隊的游動模式，使牠們在面對掠食者時能增加存活機率。
- 適應環境廣泛：生活在熱帶與亞熱帶沿岸水域，特別是珊瑚礁與沙泥底質海域。
- 食性多樣：可攝食浮游生物、小型甲殼類或底棲生物。
- 快速游動：流線型的身軀與靈活的泳姿讓牠們能迅速逃避掠食者，在群體間協同移動以降低風險。

作者序

台灣企業的縮影：黃條鰺的生存法則

我經常形容台灣的中小企業就像黃條鰺——個體雖小，卻遍布全球，與各種競爭者搏鬥、接單，努力生存。如果台灣企業能像黃條鰺一樣，既競爭又合作，學會在關鍵時刻「協同工作」，便能共同抵禦更強大的對手，在市場浪潮中游刃有餘。

過去十五年，我負責亞太區業務，與十二個國家的產官學互動，深刻感受到台灣企業的韌性與實力。然而，我也看到許多「恨鐵不成鋼」的問題：政府缺乏遠見，無法帶領企業開創未來，台商們只能各自奮戰，沒有團結與「打群架」的概念。

但時代正在轉變，隨著台積電的晶片與輝達（NVIDIA）在

The Death of Supply Chain Management
and the Rise of PI

AI 領域的應用，我們已從工業時代走向數位互聯網時代，如今更進入 AI 時代。這不僅是下一波科技革命，更是台灣企業迎來的新淘金時代──如何透過 AI 幫助中小企業升級轉型？

升級轉型：智慧製造、智慧行銷、智慧物流與供應鏈

企業轉型的關鍵，在於建立智慧製造、智慧行銷與智慧物流供應鏈的能力。雖然這並非易事，但 AI 革命才剛開始，台灣仍有時間適應、學習、轉型。然而，當生成式 AI 進一步演化至 AI 代理人（AI Agents），到實體 AI 應用開始大爆發，製造與物流供應鏈將成為 AI 最早徹底改變的場景之一。

實體互聯網（Physical Internet, PI）是一種顛覆性的物流概念，目標是打造一個開放、標準化且超高效率的貨物流通系統，就像數字互聯網如何傳輸數據一樣。將這一概念應用於台灣，既有獨特優勢，也面臨挑戰。

根據市場研究機構 WiseGuyReports 預測：

- 實體互聯網市場將從 2024 年的 633.5 億美元成長至 2032 年的 1,676.3 億美元，年均複合成長率達 12.93%。

這個數據顯示，實體互聯網仍處於初期發展階段，但隨著更多企業採用 PI 原則，市場將迎來顯著增長。

運用優勢，面對挑戰

就在我寫完這本書的同時，我也在思考如果實體互聯網在台灣推動，以下五個現象可能是一般人還未意識到的：

一、台灣的地理密度使其成為實體互聯網的理想試驗場

與幅員遼闊的國家不同，台灣的緊湊地理環境使高頻率、短距離的貨物運輸成為主流，這正是實體互聯網去中心化物流網絡的核心特點。實體互聯網在台灣能夠大幅提升物流的即時響應能力，減少資源浪費，並提高可持續性，讓物流變得更高效、環保。

二、半導體產業的「封閉式」物流模式可能成為阻力

台灣的半導體供應鏈極為先進，但高度專有化、封閉式的物流管理，與實體互聯網的開放與標準化理念相悖。倘若半導體等關鍵產業抗拒開放式物流架構，台灣可能陷入內部供應鏈極致高效，但與全球開放物流體系不兼容的困境。

三、PI 可能重塑台灣與中國及東協的經貿關係

台灣位於中國、東南亞與全球市場的交匯點，若成功落實

實體互聯網，將能提升台灣的物流戰略價值，成為區域貿易的重要節點。相反，若台灣未能積極推動實體互聯網，反而可能被更快擁抱這項技術的競爭對手取代，喪失國際物流優勢。

四、PI 可徹底改變台灣電商與「最後一哩」物流模式

台灣的電子商務市場正在快速增長，但最後一哩物流仍高度碎片化。若能建立一個基於實體互聯網的「包裹共享」配送網絡，讓競爭對手共同使用物流樞紐與標準化路由系統，將能大幅縮短配送時間、降低碳排放與營運成本。這將迫使 PChome、蝦皮等業者重新思考其孤立的物流策略，甚至可能促成物流聯盟的誕生。

五、決定 PI 成敗的關鍵不是技術，而是政府政策

台灣擁有推動實體互聯網的技術能力，但真正的挑戰在於政策與產業激勵機制。如果政府無法制定標準並推動企業合作，物流業者可能因為既有利益考量而不願採納共享基礎設施。台灣在智慧物流領域的發展，將取決於政府能否促成開放、協作的生態系統，而不是讓市場自行決定方向。

台灣具備推動實體互聯網的地理優勢、產業基礎與戰略地位，但其供應鏈封閉文化、地緣政治影響與監管不確定性，可

能成為阻礙。問題不在於台灣是否有能力推動實體互聯網,而在於我們是否願意擁抱這場物流革命?

這本書,就是寫給全球打拚的焦慮企業家與經理人們——

你們準備好了嗎?

The Death of Supply Chain Management
and the Rise of PI

給正在焦慮的經理人與企業主的話

　　生成式 AI 已經徹底改變了新聞媒體、網路行銷、教育培訓、所有服務業的線上客服……。然而，直到現今，物流業、製造業、零售業卻還沒有很意識到，AI 的巨浪已在腳邊。

　　硬體產業的傳統模式正面臨生成式 AI 帶來的顛覆，未來不會再以我們過去三十年熟悉的方式存在。那些能夠擁抱變革、引領創新的人將享受巨大的紅利；而忽視、抗拒，甚至逃避這波技術浪潮的人，將被淹沒在巨浪之下。

　　台灣的中小微企業占比高達 98.9%，正是這些企業過去二十年來「摸著石頭過河」的精神，讓台灣在全球經濟中擁有舉足輕重的地位。然而，隨著全球地緣政治的變化、少子化所帶來的人才短缺，以及 AI 進入下一代商業模式的巨變，台灣的企業主面臨著前所未有的挑戰。

　　從研發創新到永續發展的策略與投資，經營者必須兼顧的方面實在太多！而在過去被忽視的「物流暨供應鏈管理」，如今成為了危機中的轉機。

　　當前的商業環境給予企業一個前所未有的變革機會，那就是：「我們能否借助 AI 的崛起，找到企業發展的下一個增長

點?」我大膽建議經營者們應該學習如何結合「物流暨供應鏈管理」與 AI 應用，最終邁向**實體互聯網**（Physical Internet, PI）的生態模式。

要實現這樣的願景，我們首先需要**改變思維**。本書的目的，正是協助你用全新的視角來檢視現有的挑戰，並將這些挑戰轉化為具體的目標和可執行的策略，同時透過 AI 技術持續優化。

我希望以我過去三十年來的經驗，從專業經理人、創業者到學術研究者的多重身分，帶給你全新思維的轉變。我強調，本書不是一本工具書，更像是融合了我的經驗與台灣企業現狀的洞察而寫的一本「心態書」。在訪談了許多國內外的優秀企業家後，我發現，他們最大的建議是：**經營者需要開拓新的視角，改變心態應對不斷變化的市場。**

如果你在物流業、製造業、零售業擔任經營者，這本書是寫給你的。

如果你的職務是服務物流業、製造業、零售業，或與他們打交道（例如：政府、研究單位），這本書是寫給你的。

如果你有任何程度的決策權，並且希望讓你的公司走向卓越，有企圖心要讓自己的成就、得到的報酬都能步步走高，這本書是寫給你的。

The Death of Supply Chain Management
and the Rise of PI

　　此時此刻，在全球的實業界，正在發生物流暨供應鏈管理革命。舊模式將死，新時代誕生。在這場變革中，將有領軍人，將有掉隊者，也將有刀下鬼。願這場閱讀，有助你在當前的迷霧中看清腳下的路、遠方的光。

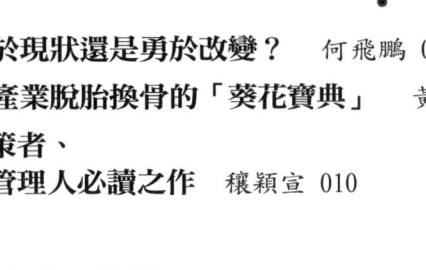

目錄

〈專文推薦〉**一念之間，安於現狀還是勇於改變？** 何飛鵬 002
〈專文推薦〉**一本協助台灣產業脫胎換骨的「葵花寶典」** 黃齊元 005
〈專文推薦〉**政府及企業決策者、**
供應鏈與物流管理人必讀之作 穰穎宣 010

〈作者序〉 017

給正在焦慮的經理人與企業主的話 024

035 **序章 供應鏈上的夥伴，為何成為彼此的阻礙與死敵？**

- 不要再裝了。我們都焦慮，而且怨恨
- 同一條供應鏈的我們，為何相恨相殺？
- 三十年從業，經歷死亡谷，解方在眼前
- 別再砍物流！解方在「供應鏈」全局
- 解方已在全世界推展：實體 AI
- 從困守台灣，到做全世界的生意

第一部 實體 AI──未來必來 ──────── 059

060 **第一章 AI 發展迅猛快速，千萬別再錯過實體應用的契機**

- 不久之前，以為 AI 還在天邊，產業應用尚早……
- AI 商用鋪天蓋地而來，在全產業掀起熱潮
- 實體產業導入 AI，發展態勢已不容忽視
- 誰掌握實體 AI，誰將在全球快速超車

067 **第二章 實體 AI 改造一切：物流暨供應鏈管理，**
是時候來一場破壞式創新

- 生技+實體 AI，超越傳統邊界，直奔全球市場
- 生技產業擁抱實體 AI，顛覆傳統流程
- 面對產業巨變，你要選擇放棄嗎？
- 企業家對未來共識一致：全面導入實體 AI

074 第三章 導入實體 AI，掀起一場物流暨供應鏈管理全流程革命

- 裝箱：從一次性裝箱浪費，到用可重複標準化容器寄貨
- 收件後：貨運公司從各自為戰，到合作聯盟
- 運送：從低效率運貨，到實現高效率物流
- 倉儲理貨：共用貨倉與智慧運算，讓貯貨效能最大化
- 配送：從高收貨成本，到創造附加價值
- 售後與回收：建立二手循環系統
- 邁向未來，全面升級供應鏈產業

084 第四章 實體 AI 帶你進入下一個賺錢風口，到處是金山銀礦

- 數據：全供應鏈快速反應，滿足需求，增加獲利
- 資產：提升投資回報率，額外增加收入來源
- 流程：製造業跳過代理商服務消費者，增加高額貿易利潤
- 人力：服務性質升級，直接提升公司營收
- 從成本中心轉為利潤中心，幫助企業利潤無限增長

090 第五章 三大變局來襲！稍一不慎，再強的企業都得走入歷史

- 變局一：國際衝突與極端氣候，供應鏈更常面臨斷裂風險
- 變局二：少子化缺乏人力，第一線工作全面停擺
- 變局三：全球擴大減碳，經營成本飆升，甚至無法接單！
- 未及時導入實體 AI，將喪失國際競爭力，淪於三流企業

097 第六章 把握眼前十年因應變局，將兌現台灣產業革新飛躍的黃金機運期

- 因應變局一：建立供應鏈韌性，將能應對千變萬變
- 因應變局二：升級物流從業者工作價值，提高客戶滿意度
- 因應變局三：降低製造與運輸碳排，跟進淨零目標
- 爭奪黃金十年，台灣最後的上車機會

108　第七章　改造方案近在眼前，把握機運的人將能勝出
- 有如電郵的全流程自動化，可大幅提升送件效率
- 參考共享單車經驗，共享實體設施效益明確
- 概念絕非新穎，研究與推動已二十年
- 從理論到實踐，台灣跟上實體互聯網趨勢刻不容緩

第二部　看透過往，就能預知未來 ——— 121

123　第八章　1995-2005：鐵幕倒下，網路科技打造供應鏈全球化
- 國際政經局勢：共產陣營崩塌，自由經濟市場
- 美軍研發科技釋出，全球進入產業分工
- 技術發展提升：網路打破溝通限制，推展全球化貿易熱潮
- 群眾態度變化：從抵制數位化，到省下大量等待時間
- 三要素到位，全球貿易化必來

131　第九章　2006-2015：移動通訊與電子商務，形成圍繞中國的全球供應鏈
- 國際政經局勢：中國全力發展工商業，吸引全世界投資設廠
- 技術發展提升：智慧型手機改變整代人的消費與工作
- 智慧型手機與移動通訊，促使中國成為世界工廠
- 群眾態度變化：人們從抗拒中國，到接受與歡迎
- 技術演變驅動商業，決定供應鏈發展大潮流

143　第十章　2016-2024：天災人禍及科技憂患，供應鏈顛跛失速
- 國際政經局勢：地球不再平坦，國界壘起高牆
- 技術發展提升：大數據與資料時代，人們重建高牆
- 新局勢下，群眾態度由憂慮轉向信心
- 供應鏈發展史告訴我們的事

153　第十一章　走向實體互聯網時代：優化容器、運具與倉庫，
　　　　　　　打造高效硬體系統

- 硬體容器設計：標準化、可重複、智慧化
- 實體互聯網容器的典範：貨櫃
- 增加棧板通用性，走向實體互聯網
- 運具與倉庫：標準化櫃位、數位化控管
- 改造硬體的技術早已成熟可用

160　第十二章　走向實體互聯網時代：建立數位平台，最優化所有
　　　　　　　運送規畫

- 數位孿生，硬體的數位鏡像
- 隨時收集車體資訊，做出最佳運輸決策
- 數位平台通盤運算，全局決策最佳化
- 採用分散式運算，在每個節點達成最優化

168　第十三章　走向實體互聯網時代：建立制度認證，形成聯盟體系

- 志同道合的企業將組成實體互聯網聯盟
- 參照網路資訊架構，由業內人士共訂協議
- 實體互聯網體系納入新成員的認證與導入
- 實體互聯網體系間的合作，愈合併愈高效
- 走向實體互聯網的未來

第三部　走向實體 AI 供應鏈管理思維與應用，
　　　　企業利潤增長無上限─────177

178　第十四章　爭取加薪有辦法：以實體互聯網創造協同

- 加薪最終解：創造價值，為公司提升利潤
- 價值礦藏，請發現油井
- 噴湧價值的油井，就在街拐角

183　**第十五章　製造業夥伴扛起協同主導權，確保全供應鏈利潤最大化**
- 「長鞭效應」是製造業的夢魘
- 製造業領銜，推廣採用 AI 為基礎的 VMI 模式
- 以 VMI 驅動協同，全供應鏈所有參與者受益
- 從協同裡挖寶，揮別製造業的最大煩惱

189　**第十六章　物流業夥伴以數據思維協同共配標準化，建立數位孿生淘金礦**
- 物流業者的處境：抱著金礦的坐騎
  一、發現互補方式，與同業進行協同共配
  二、硬體標準化，共創更大市場
  三、建立數位孿生，近挖礦，遠結盟
- 選擇的時間：做大做強或被超越吞併

196　**第十七章　零售業夥伴攜手上游與對手，從小規模試點做起**
- 走向實體互聯網是解方，但有難關
- 開放？不開放？兩種陣營體系的選擇
- 零售業走開放體系的起步作為
- 和競爭者合作是利多，何樂而不為

203　**第十八章　打造獨特供應鏈戰略，實現不可替代的價值主張**
- 不可替代的價值主張，才是掌握自己的命運
- 價值主張讓企業對消費者而言是不可替代的
- 供應鏈戰略讓價值主張穩定落實
- 協同加乘，供應鏈戰略新典範
- 當供應鏈戰略失準，滿足客戶也只是快速死亡
- 走出訂單思維，在全球市場扎下根基

215　第十九章　公司內部更要協同，研發、財務、業務均要參與
- 內部缺乏整合就會互相扯後腿
- 研發部門：產品開發預先考慮全流程需求
- 財務部門：貼近各部門的需求與困難
- 業務部門：倡導傳播新思維的先驅
- 加強內部培訓，領袖與同仁一起發力

222　第二十章　從個人到世界，層層協同使價值最大化
- 個人貢獻反映於薪酬，確保協同的積極度
- 企業內部單位之間協同，以終為始
- 產業的協同：協力配合，一同進化
- 全台灣的協同：找到最新增長點
- 台灣與世界的協同：實質合作取代名目建交
- 整體價值最大化，薪酬是個人公平回報

第四部　台灣走向實體互聯網之路 ——— 231

232　第二十一章　歐美與日本的最新發展，具體應用的實例
- 2024國際實體互聯網大會，最先進見解交流
- 美國：營造業借鏡實體互聯網，運用模組化製作
- 歐洲：歐盟主導推動，以多式聯運解決人才短缺問題
- 日本：政府組織主導，訓練三千名供應鏈架構師
- 借鏡全球經驗，台灣推動實體互聯網需多方協力

243　第二十二章　夢的最佳實踐地，台灣發展藍圖
- 實體互聯網的夢，台灣最有機會成真
- 建立短中長期發展目標，持續迭代優化
- 組建跨部門團隊，中央政府帶頭
- 公部門協同，成為產業發展助力
- 政府打造條件，民間衝鋒開拓

251　第二十三章　實體互聯網核心推動主力：獨立第三方機構
- 實體互聯網推手，各國第三方機構
- 協會聚集有志之士，由基金會推動專案
- 創新專案的孕育之地：基金會
- 從發芽到茁壯，台灣獨立第三方機構成立

257　第二十四章　卓越供應鏈：深入公司，挖開潛在礦藏
- 接單思維走不遠，要能主導企業命運
- 「卓越供應鏈」導入，營收翻百倍
- 發現供應鏈縫隙中的金礦，實現「卓越供應鏈」

270　第二十五章　供應鏈將死，新時代人才帶給企業新生
- AI時代，人才能力的定義將徹底顛覆
- 物流業將大改造，從基層到高層都需換腦
- 所有產業大改造：實體互聯網時代需學習協同思考
- 台灣智慧物流暨供應鏈學校培養新一代人才
- 學透實體互聯網，迎接「供應鏈之死」

281　結語　供應鏈之後，實體互聯網將成為企業運作的核心
- 人工智慧正在改變世界，引領產業革命
- 實體互聯網將為所有產業解開死結
- 供應鏈之死，實體互聯網崛起

序　章
供應鏈上的夥伴，
為何成為彼此的阻礙與死敵？

不要再裝了。我們都焦慮，而且怨恨

　　策略會議中，一巴掌重重拍在桌上：「上一季要我降價，這一季又訂這麼嚴苛的條款，不覺得太過分嗎！」又一次，他壓不住情緒，痛罵多年的供應鏈合作商。

　　可是我記得，他們明明前幾天在餐會上才滿臉堆笑敬酒。

　　某天我受邀參加餐會，每一桌都是物流暨供應鏈管理的一方大老、公司高層，他們相互勾肩搭背，歡笑聲不斷。

　　「謝謝你們的好產品，客戶都好喜歡，整天要我們趕緊進貨，指定說要買你們的牌子！」零售商陳總對著製造業王經理舉杯，大力感謝。

　　「我才感謝陳總給我這麼好的架位，就你們的店賣貨速度最快，我補貨都來不及了！」王經理連連稱謝，反過來感激陳總。

　　「王經理、陳總兩位才是我的大貴人哪！謝謝這些年拉拔生意，都是老夥伴了，未來請繼續多多關照生意。」物流老兵葉

The Death of Supply Chain Management
and the Rise of PI

副總對兩人鞠躬。

就在幾天後，我分別私下和他們見面討論供應鏈策略，他們卻對彼此滿腹抱怨，並說出真心話：

零售商陳總大罵：「賣不掉的貨就堆給我啦！客戶要的熱銷品拖拖拉拉出不了貨。瑕疵品都不管不問，退貨流程毛一堆，我們都被客訴到翻掉。」他談起製造商咬牙切齒，跟餐會上親近的模樣完全不同。

而在另一場會談中，被陳總大罵的製造商，談起與零售商的合作，同樣怒氣值爆表：「門市三更半夜跟我們叫貨，要求一天之內送到，是要我們怎麼準備？還有一次更誇張，叫了一堆貨，結果賣不動，退貨時還要我們吸收運費！我們是做功德的嗎？」

當我造訪為他們送貨的物流商葉副總時，他在餐會當天向雙方敬酒，笑容最滿，結果卻是其中怨念最深的人：「陳總好幾次要我同事在倉庫前排隊，排了一整夜！然後王經理要我們送貨就送貨，還拚命壓低價格！一點利潤都不留給我。但我能怎麼辦，上下員工全靠他們吃飯。」

我在業界幾十年來，不斷看到這樣的場景，一點都沒改變。製造商、物流商、零售商明明是同一條供應鏈上緊密的合作夥伴，卻在業務上宛如仇人般相互脅迫，害彼此充滿焦慮與怨恨。幾十年來，從沒變過。

序 章
供應鏈上的夥伴,為何成為彼此的阻礙與死敵?

然而,這真的是無法改變的嗎?

同一條供應鏈的我們,為何相恨相殺?

沒有人是壞人,沒有人真的想要傷害彼此。我們身處業界的每個人,都肩負來自股東、來自老闆的兩個責任:

圖1 產業的發展目標是增加收入、降低成本

理論上,製造商、物流商、零售商本該是彼此合作,協力將產品送到客戶面前,得到消費者的回饋,然後共享利潤。然而,回到現實,我們發現三者之間的關係其實充滿著防備、壓榨、脅迫,都想要隱瞞彼此,將更多成本轉嫁給對方,以此而謀求自己的利益,最終形成相恨相殺的局面,所有廠商都身處四大困境無法自拔:

The Death of Supply Chain Management
and the Rise of PI

困境一：相互隱瞞，當然無法協力降低成本

所有的製造商都難以精準控制產量——產量過剩就造成製造浪費，庫存累積又導致資金浪費；產量不足則又平白損失了獲利。這樣的兩難讓製造商每天都感到煎熬。

我們明明都知道，如果零售商能將更多精準的銷售資訊分享給製造商，就可以更精準的預估產量、及早排程、減少成本，而且增加營收。

但常常就是不願意。

多年來我們也都看到，當物流商送貨時，經常要面對極為苛刻的條件，不論是被迫在倉庫前長時間空耗等待，或是為了極少的貨物量專程送達，這些情況都嚴重浪費人力與時間，造成貨運裝載率低、物流運輸效率差。

我們明明都知道，如果製造商與零售商願意與物流業者進行更多資訊協同，願意更考量物流業者的處境，這一切都可以改善。

但常常就是不願意。

我們明明就知道，當三方的資訊更加透明，進行更多溝通協力，將可以輕易減少過度加工與包裝，也將可以為業者們頭痛不已的退貨與瑕疵品找到解方。

但常常就是不願意。

太多公司都希望將自己的成本轉嫁給合作廠商，再把利潤收刮到自己的損益表上，成為自己的經營成果。大家都高舉砍刀，揮向同伴。

　　大家都太聰明了，所以我們都輸了。只願獨善其身的我們，將永遠無法擺脫八大浪費：

　　一、生產過剩，導致「製造浪費」

　　二、庫存過多或不足，導致「資金浪費」

　　三、瑕疵品，導致「製造浪費」

　　四、不必要的流程，導致「人力浪費」

　　五、過度加工，導致「材料浪費」

　　六、等待時間，導致「時間浪費」

　　七、運輸效率差，導致「距離浪費」

　　八、裝載率不足，導致「空間浪費」

困境二：相互牽制，當然無法運用最新科技爭雄市場

　　企業都想要擴大營收，但怎麼做？

　　我們全都看到，台灣市場這麼小，已經過度競爭，當然要出國，走向全世界，向全球爭取訂單。

　　我們也都知道，出海拓展業務需要「打群架」，單打獨鬥是沒戲唱的。

The Death of Supply Chain Management
and the Rise of PI

　　零售商應該成為海外拓展的先鋒,運用數位工具探查全球市場潛在需求,向全球爭取訂單。取得資訊後,就快速傳遞給製造商,敏捷生產出貨後,再由物流高效地將產品提供給客戶,及時滿足需求。

　　然而,事實是,零售商並不會用最新數位工具開拓市場,企業間也不共享資訊,導致機會一再錯過,這樣當然無法賺錢。

　　如果無法善用數位工具,也沒有共享資訊的意願,就奢談出海,只能在台灣紅海市場下,競爭低額毛利。在沒有多餘利潤下,企業之間只能互相傷害,踏入下一個困境。

困境三:僅局部優化,要擠出獲利當然只能彼此互砍

　　成本壓不下來,獲利提不上去,怎麼辦?大部分企業老闆一拍大腿說:「減物流費用!」

　　我聽過太多物流業者向我訴苦,而脾氣火爆的更是破口大罵:「每個客戶都認為物流是成本,只要想不到方法提升利潤,就是來壓我們的價格!」

　　在企業之間,物流經常被認為是「必要之惡」,好像怎麼砍價都是正當的、合理的。而且除了砍價,業界常對物流加諸各種苛刻的條款,將所有的成本、不確定性,轉嫁給物流業者。

　　我常在零售商的倉庫外,看到物流車排隊一整夜,就為了

序章
供應鏈上的夥伴，為何成為彼此的阻礙與死敵？

等待卸貨。如果不等待會怎麼樣？明天重頭排隊，慢慢等！甚至有物流業者為了準時送貨，避免罰款，一整台物流車就只運送一顆籃球大小的包裹，嚴重浪費運能。

這些不是單一事件，而是每天都在發生的事。

在強迫降價、不合理規定的情況下，物流業者無法有合理的利潤，無法改善工作模式，甚至每況愈下。而結果其實將導致廠商、物流業者、客戶全輸的局面。

困境四：不顧全局優化，人力危機與碳排危機將讓全產業覆滅

你們知道物流業人員薪資多低，多少年沒調漲了嗎？於此同時，他們工時長、駕駛兼搬貨、背負疲勞開車的風險，在這個少子化、人力短缺的時代，已經愈來愈難找到人願意從事相關工作。

企業主可別以為這種情況不會怎麼樣，如果沒人當司機，你的公司就沒人幫你運貨；運不了貨，就請準備倒閉。

此外，台灣業界運輸效率極低。我們都知道，滿街物流車，但通常滿載率只有十分之一到三分之一。這意味著什麼？高到爆表的碳足跡。

以前，沒人在意這件事。但未來，這將決定企業生死。

The Death of Supply Chain Management
and the Rise of PI

　　世界各國配合聯合國氣候行動計畫，在不久的將來，將針對碳足跡徵收稅款。這就意味著，在貨運上無法達到高效率、低碳排，將導致成本大漲，企業徹底失去競爭力。

　　無法因應人力資源、氣候變遷的風險，台灣產業可能將全部死在沙灘上。

三十年從業，經歷死亡谷，解方在眼前

　　上述所說，全都是我親眼所見，台灣正在面對的真實危機。我無法不注意到，台灣在供應鏈上的落後和遲緩，正在侵蝕台灣的優勢，甚至危及產業生存。

　　也許讀者會好奇：你憑什麼這麼有把握？

　　因為我在供應鏈領域已經工作了三十年，從最基層做到最高階，待過製造業、零售業，也待過被他們壓榨的物流業；除了業界，我也在喬治亞理工學院任職多年，更擔任供應鏈領域顧問、美國國際物流協會理事長。

　　我從不諱言，我曾經在機場與貨運工人一起用雙手搬箱子。

　　我曾經不知多少天在倉庫徹夜點貨，直到清晨迎接日出。

　　我曾經跟其他司機一起嚼檳榔，和他們深談工作上的辛苦與困難。

　　我曾經在跨國公司 CEO 的辦公室裡，因為供應鏈決策衝突

而被痛罵；也曾讓我服務的公司因為供應鏈的卓越表現而營收亮眼。

我曾經在中國最高速發展的十年之間，經營一家成功的供應鏈顧問公司，客戶遍布全球百大企業：京東、華為、聯想、富士康、可口可樂、上海電氣；每個顧問案的金額重輒新台幣一億元以上，我都親自操刀。

我曾經和六百多位在中國發展的大企業高管深談他們的供應鏈策略。對於這些來自中、美、歐，橫跨三十個以上產業的各大知名企業背後的供應鏈模式、歷史，以及最具價值的人脈網絡，我都瞭若指掌。

在這二十多年的供應鏈職涯，我經歷過供應鏈好幾次的演變、重塑、破壞式創新。時至今日，我們的產業再度面臨挑戰，而我心中的解方也愈來愈明確清晰：

只要當作我們都是同一間公司，以這個前提運作與決策，現在令人感到困擾的每件事情就會大幅改善。

別再砍物流！解方在「供應鏈」全局

許多在業界摸爬滾打一輩子的人，並不知道「物流」和「供應鏈」有何區別。

「物流」就是將貨物從 A 地運到 B 地的流程。本來是公

The Death of Supply Chain Management
and the Rise of PI

司內部的工作，後來外包到一群特定的公司，有了規模經濟（economy of scale），成為「物流產業」，像是大家熟悉的新竹物流、長榮海運、大榮。

「供應鏈」則是經濟體裡每一間公司合作生產的全部歷程，包括製造商、物流商、零售商，涵蓋計畫、採購、製造、物流、退貨等所有工作。如你所見，「物流」僅是其中的一個環節。

一旦分清楚了這兩個概念，就能看出業界一個長年的思維錯誤：許多企業都以為「供應鏈優化」是物流公司的責任；甚至在許多企業眼中，只要對物流砍價，減少帳面上的支出，就是達成了「供應鏈優化」。

錯！大錯特錯！

如果對「供應鏈」有正確的理解，就不難看出，要改善供應鏈，需要製造商、物流業、零售業三方共同協力才能達到。而其中的精神原則，用最通俗、最易懂的話來說，就是：「不分彼此，當作我們（製造、物流、零售）是同一間公司。」

因此，本書中刻意將「物流暨供應鏈管理」整體一起討論，有其背後的思維邏輯及深刻用意：就算是不同公司在負責這些流程，「物流」及「供應鏈」兩個概念終究必須整體探討，無法分離。

序 章
供應鏈上的夥伴，為何成為彼此的阻礙與死敵？

「**當作我們是同一間公司**」不是溫馨而空洞的口號，其背後有一套基於科技的管理方法，讓製造／物流／零售之間資訊透明接軌，促成更精準、快速、高效益的決策，成為前述四大困局的解方。

實際上應該關注「供應鏈」議題的群體

製造業者　過往業界認定應該關注「供應鏈」議題的群體　**物流業者**　零售業者

圖2　過去業界認為只有物流業者需要關注「供應鏈」議題，然而製造業者、零售業者也需要關注

解方一：打通任督二脈，就能刮除降不下的成本

現在的物流暨供應鏈管理，合作夥伴之間相互隱瞞關鍵資訊，缺乏協作，造成八大成本嚴重增加。如果能秉持「**當作我們是同一間公司**」的觀念，就可以降低成本浪費。這八大成本包括：

The Death of Supply Chain Management
and the Rise of PI

一、生產過剩（製造浪費）

二、庫存過多或不足（資金浪費）

三、瑕疵品（製造浪費）

四、不必要的流程（人力浪費）

五、過度加工（材料浪費）

六、等待時間（時間浪費）

七、運輸效率差（距離浪費）

八、裝載率不足（空間浪費）

舉個例子：每年中元節時，台中大甲鎮瀾宮都會舉辦祭典，需要購買大量來自中國製造的供品。當製造商和物流商都不知道供品最終的消費資訊時，他們只能遵照慣常的運輸路線，層層轉運，才把貨品送達鎮瀾宮附近的零售店：

福建製造 → 運輸港口 → 海運至台北港 → 台北港倉儲 → 運送至台中轉運倉庫 → 送達大甲零售店 → 鎮瀾宮購買

製造、物流、零售各自為政，互相分立的結果，就是繞一個大彎，增加各種成本浪費，包含時間、金錢、人力。

在「**當作我們是同一間公司**」的觀念下，零售業向製造商和物流業者分享資訊，後者知道最終的消費地，就可以將大量供品直接運送到鄰近鎮瀾宮的超市店家，甚至鎮瀾宮管理處。如此一來，不就可以節省大筆運費？

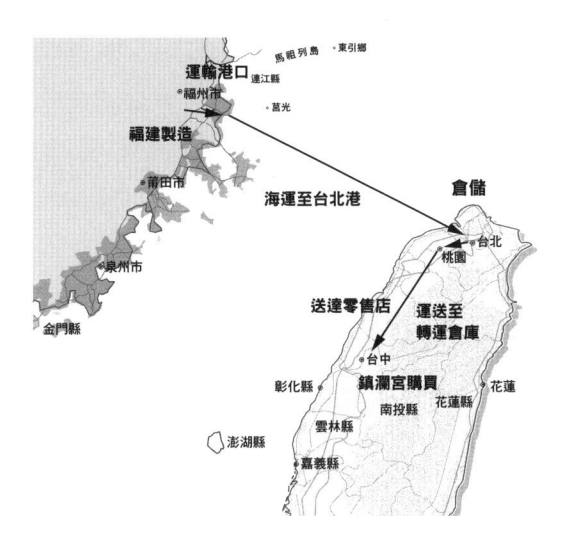

序　章
供應鏈上的夥伴，為何成為彼此的阻礙與死敵？

圖3　相互隱瞞關鍵資訊時，從福建到大甲的貨物運送路線，明顯繞了遠路

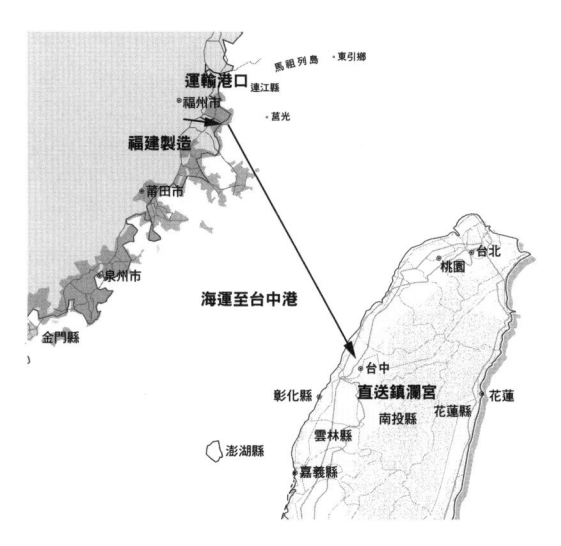

圖4　相互開放關鍵資訊時，從福建到大甲的貨物運送路線，明顯更有效率

The Death of Supply Chain Management
and the Rise of PI

透過「**當作我們是同一間公司**」的觀念與實踐，可以在整個供應鏈中的大量環節，找出可以優化效益的方案，進而節省各方大量的時間與金錢成本，在不傷害任何一方的前提下提升利潤，由所有人共享。

解方二：打破隔閡導入新科技，從全世界賺取更高獲利

和節省成本一樣，當採用「**當作我們是同一間公司**」的作法，台灣企業合作出海到全球拓市接單，擴張營收將更加容易。

怎麼做到？

現在許多成功的模式都是由零售商和製造商攜手合作，利用數位工具探查全球市場潛在需求，在世界各地爭取訂單。海外客戶向**零售商**下單後，**製造商**立刻得到資訊，零時差開始進行敏捷生產，再交由**物流業者**快速運貨至市場，填補需求。這樣的商業策略在許多深度進行供應鏈革新的企業都已經實現。

在「**當作我們是同一間公司**」的觀念下，銷貨可以像是籃球的快攻，或像是足球的快速反擊（Counter-attack）般行雲流水。

這樣的銷售策略將能讓台灣的產品在全世界找到客戶，並被賦與更高的價值。舉個例子：當我們把基隆魚餃賣到法國巴黎，它就不是被用在兩百元一客的火鍋，而是五千元一客的米其林高端餐飲。

序　章
供應鏈上的夥伴，為何成為彼此的阻礙與死敵？

　　許多台灣企業普遍認為，將產品上架至國外主流通路極為困難，這樣的觀念屬於亞洲思維。事實上，隨著數位通路的興起，打入美國市場已不若以往困難，亞馬遜（Amazon.com）等電商平台正是切入的有效起點。

　　Walmart、CVS、Target、Chewy等零售巨頭，在評估商品進入實體通路前，通常都會參考亞馬遜上的銷售與評價數據。因此，先在亞馬遜上架商品，不僅是市場入門的捷徑，更是通路拓展的前哨站。

　　商品進入美國實體通路之前，通常可以先在亞馬遜上架；以下這些因素是需要考量的關鍵重點：

一、市場測試與數據驗證

　　亞馬遜是測試商品市場接受度的絕佳平台。企業可透過銷售數據、顧客評價、搜尋排名等，快速掌握產品潛力。台灣企業常在品牌定位與包裝設計上投入不足，無法清楚傳遞創業理念與產品價值，導致美國市場表現不佳。若資源有限，也可參考同品類前十名商品的口味、包裝與規格，擬定相對應的市場策略，提高成功率。

二、品牌建立與消費者信任

　　美國消費者重視亞馬遜的評價系統，常根據評論與星等來決定是否購買。因此，在進軍實體通路前，透過亞馬遜累積正

面評價，有助於建立品牌信任與公信力，也能提升零售商的合作意願。

三、營運彈性與低成本物流

亞馬遜FBA服務（Fulfillment by Amazon）提供倉儲、配送與客服服務，協助企業以低成本切入美國市場，無需建立當地倉儲或龐大的供應鏈團隊。在此階段也可邊營運、邊優化供應鏈策略，為進一步進入實體通路做準備。

四、強化與實體通路的談判籌碼

亞馬遜上的銷售數據是與實體零售商談判的重要依據。若商品在亞馬遜上表現亮眼，代表具市場需求，將大幅提高Walmart、Target、Whole Foods等零售商的合作意願，甚至可能主動洽談進貨。

五、品牌曝光與數位行銷效益

作為美國最大的電商平台，亞馬遜擁有龐大流量，能有效提升品牌知名度。即便無法一開始就進入暢銷排行榜，只要銷售穩定成長，對實體零售商而言就是具潛力的指標。透過亞馬遜廣告（Amazon Ads）與SEO策略，也能進一步觸及更多潛在消費者。

六、降低進入實體零售的風險

美國幅員遼闊，實體通路如Walmart擁有超過四千三百間分

店與數千個倉庫，運輸時間長、成本高，且物流風險大（如司機罷工等）。相較之下，亞馬遜的模式更為靈活，有助於企業以低風險方式測試各區域市場需求，進而決定未來要主攻哪些通路。

解方三：當所有人參與供應鏈優化，豐厚的紅利共享均霑

「**當作我們是同一間公司**」，意味著不壟斷資訊，訊息透明共享，讓供應鏈夥伴能做更有效率的決策。

當決策更加精準高效，就可以在不減損任何一方利益的前提下，消除真正因為浪費而產生的成本，例如：減少貨運的次數、距離、包裝、等候。當成本減少，不以任何人的損失為代價，供應鏈上每個夥伴都能實現自己的利益目標。

「**當作我們是同一間公司**」，意味著不打壓與剝奪，而是彼此賦能，協助供應鏈夥伴服務更多、更遠、更多元的客戶。

當整個供應鏈體系支持彼此，服務全世界市場，勢必能創造更多營收。這些增加的利益，可以由製造、物流、零售的每一個廠商共同分享，達成全贏的局面。而一個健全、欣欣向榮的產業，也將可以提供更好的服務與產品給消費者，達成正向循環。

The Death of Supply Chain Management
and the Rise of PI

解方四：全局優化，在危機來臨之前讓全產業升級晉階

在「**當作我們是同一間公司**」的觀念下，物流業的員工才可能得到合理的薪資成長，以及可接受的工作條件。如此一來，物流業才可能永續經營，服務所有企業。

進一步而言，當供應鏈中所有企業以「**當作我們是同一間公司**」的思維進行資訊協同，將能更高程度實現自動化、智慧化，減少人力運用需求。而減少聘請勞力型員工也將能幫助企業降低成本，提升利潤。

唯有當企業之間更願意基於「**當作我們是同一間公司**」的思維，將資源（如：倉庫、貨車）開放共享，才能進一步提升裝載率、運輸效率，同時能大幅減少碳排放。

唯有達成淨零排碳的產業升級，才能在即將到來的「淨零時代」維持企業競爭力，以及全國產業的存續。

解方已在全世界推展：實體 AI

前文已經說過，但在此我想再次強調：「**當作我們是同一間公司**」並不是一個溫馨、感性的口號，而是基於最新科技發展與供應鏈管理學的明確體系，在許多國家都已由學者、政府、業者進行深度研究。

	製造業	物流業	零售業
經營困境	難以精準掌控生產量，生產過多造成庫存，生產過低則少賺錢	被製造業、零售業壓低物流費；長時間在倉庫前等待送貨與收貨	面臨降低成本、增加營收、減低碳排放的壓力
改善解方	製造業和零售業協同，主導生產量，共同獲取最佳利潤	物流業收集營運過程中的各項數據，進行分析，從中找到獲益方向	零售業攜手上下游廠商，打造共用系統以降低成本，提高收益

表 1 製造、物流、零售業在經營上的困境與解方

　　美國喬治亞理工學院的 Benoit Montreuil 教授，已經針對此課題研究超過二十年。他已在美國成立相關研究機構，得到了美國國家科學基金會（NSF）的資助。

　　歐盟數十所大學、研究單位、大型企業、各國政府，共同組成了「歐洲物流暨供應鏈創新協同聯盟」（Alliance for Logistics Innovation Collaboration of Europe, ALICE）進行研發與推展。

　　中國物界科技公司的創始人田民先生，正領銜推動產業聯盟。日本則有政府農業部、商業部在推廣革新。

The Death of Supply Chain Management
and the Rise of PI

　　目前不僅全球都在研究，台灣其實也有一小部分的人看見這般趨勢。

　　國泰金控看見供應鏈發展的潛力，投資成立了棧板公司，要打下實踐的第一個橋頭堡。富士康建立準時達國際物流公司，以此原理協助供應商及客戶改進運貨效率⋯⋯

　　這些學者、業界先行者多年來致力推動「**當作我們是同一間公司**」的革新，在最近幾年間更發生了爆炸性的進展。這波進展背後的推動力是什麼？相信你已經猜到了：AI。

　　台灣企業當前使用 AI 的範圍，多數仍圍繞在內容生成與資料分析，但其實 AI 可用於優化研發、設計、採購、製造、運輸、銷售等整個實體生產過程。而將 AI 運用在實體產業的科技，稱為**實體 AI**（Physical AI）。耳熟嗎？輝達執行長黃仁勳在 2024 年 Computex（台北國際電腦展）上做了專題演講，讓這個概念成為當前最熱門的趨勢。

　　而當企業明確將實體 AI 應用於物流暨供應鏈管理領域時，則有一個專門名稱：**實體互聯網**（PI）。它將可以幫助產業達成「**當作我們是同一間公司**」這個概念願景，為前述難關提供所有解決方案。

實體互聯網將會重新定義物流暨供應鏈管理的全流程，讓台灣所有的製造商、零售商、物流業者得到明確的科技工具，化解彼此相虐相殺的困境。

本書將要深入說明實體 AI 與實體互聯網未來的發展與應用方式。

從困守台灣，到做全世界的生意

在未來的幾年，台灣企業如果想要增加價值，需要運用實體 AI 與實體互聯網，進行多層次的徹底改造，包含從個人到公司、從公司到產業、從產業到全球之間。

企業的革新是複雜且困難的工程，絕不可能一天之內立刻脫胎換骨。經營者必須從改變團隊、員工的思維做起，才可能逐漸運用 AI 工具，建立可行動的具體方案。

每個企業都可以從自身做起，例如：打造卓越供應鏈系統，推動內部組織協同。每做一步，就會有多一分的效益，並且具體反映在提升營收、降低成本。

若想要看到變革發揮全部的成效，就不能僅有公司內部的變革，更要推動整個產業展開協同合作。協同的對象除了本來的合作夥伴，甚至要跟競爭者一起合作，共同將企業的服務及產品順利地、高效地賣到全世界，賺全世界的錢。

The Death of Supply Chain Management
and the Rise of PI

　　我已經聽到你心中的聲音了：太難了吧？不可能吧？

　　再次強調：這是一個漸進式的過程，不會一步到位。而且也請你認知：從現在開始，這個改變已經展開，隨著成效逐漸顯著，行動的人將會愈來愈多。五年、十年之後的成果，將是現今所想像不到的。

　　而一切的變革，都需要有個起點。

　　這本書，就是台灣業界、數百萬家企業，走向「**當作我們是同一間公司**」這個觀念與心態的起點。

　　我希望運用三十年來在供應鏈任職累積的專業，透過這本書，將這項願景與實踐分享給整個台灣產業界。

　　我希望讓台灣產業界明白，其實不必再忍受困境；成本壓不下、營收推不動的種種難關，其實都可以化解。

　　我希望讓台灣產業界明白，其實不必再以零和的方式、從供應鏈夥伴身上刮骨吸髓的手段，為擠出一點點的利潤而斷送產業的前途。

　　我希望讓台灣產業界明白，其實上述的一切都是現在進行式，都有立即見效的快贏策略，絕不是遙遙無期的許諾。

　　我希望這個能快速降低成本、提升營收、擴張利潤，進而為每個人增加收入的辦法，可以更快在台灣推廣採用。

　　無論你在產業中服務於製造業、物流業，或是零售業；

序　章
供應鏈上的夥伴，為何成為彼此的阻礙與死敵？

無論你在企業中身處研發、製造、採購、IT，或是業務；

無論你的職級是一線員工、主管，或是企業高層；

這本書是為你而寫的。你能從本書中看到你可以在轉型過程中承擔的角色職責，以及立即可行的方案。

站在二十一世紀的第三個十年，**物流暨供應鏈管理轉型之路已經明確，就是運用實體 AI 重塑整個物流暨供應鏈管理流程**。這是台灣未來五至十年的發展關鍵。

我相信實體互聯網可以幫助企業在轉型過程中創造新的利潤，並推動企業邁向全球市場發展。

圖5 未來實體互聯網運作的想像場景

057

第一部

實體 AI ── 未來必來

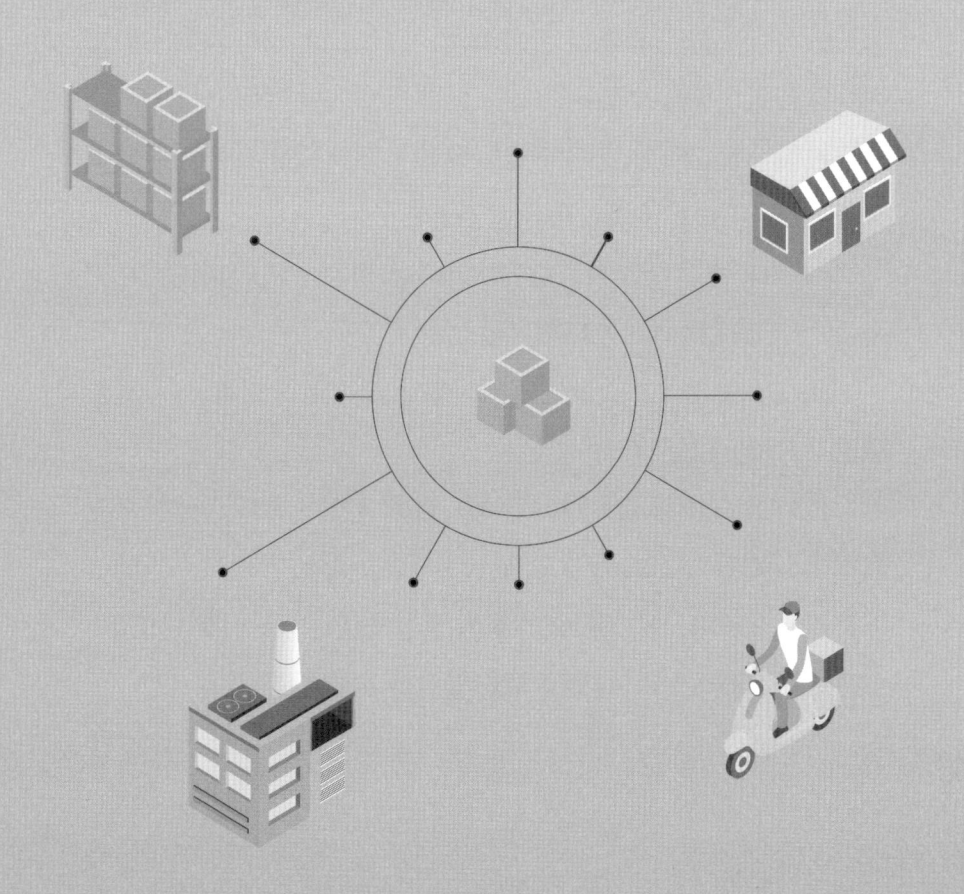

The Death of Supply Chain Management
and the Rise of PI

第一章
AI 發展迅猛快速，
千萬別再錯過實體應用的契機

不久之前，以為 AI 還在天邊，產業應用尚早……

想像你站在鐵道旁，看向從遠方駛來的火車。當它還在遠方的時候，你可能覺得它很緩慢，好像根本沒有移動。但當它快速接近、朝你疾衝而來時，你會對它的速度與力量感到震撼。最後，當它從你身邊呼嘯而過時，你就只能看著它朝前方奔馳，一去不復返，而你再也追不上它了。

AI 的發展歷程就像是這列火車。而現在，我們都正在見證 AI 這列火車從我們身旁轟然奔馳而過。

就在不久之前，全世界絕大多數人都還遠遠望著 AI，不知道也不太相信它能改變世界。

1997 年，IBM 發明的「深藍」超級電腦，擊敗西洋棋世界冠軍卡斯帕羅夫（Garry Kasparov），成為轟動全球的大新聞，那是頂尖人類第一次在自豪的棋盤界中被 AI 打敗。雖然如此，那時候我們仍然覺得 AI 距離能影響世界非常遙遠。

第一章
AI 發展迅猛快速，千萬別再錯過實體應用的契機

2011 年，IBM 新發明的 AI Watson 在遊戲節目《危險邊緣》（*Jeopardy!*）的問答比賽中，擊敗人類冠軍。然而，我們仍想像不到生活可能被 AI 所影響。

2016 年，Google 的 AI AlphaGo 再次震驚世界，它在排列組合幾乎達到無限的圍棋比賽裡，贏過世界冠軍李世乭。即使如此，我們仍然不知道 AI 可以如何運用於產業。

這些年來，AI 不斷踏出新的里程碑，而多數人仍然以為 AI 還很遙遠，對我們的人生與事業不會有影響——人們很快將要發現，自己的目光與前瞻力是多麼短淺。

AI 商用鋪天蓋地而來，在全產業掀起熱潮

二十一世紀第二個十年的尾季，在大眾傳媒仍以大數據、物聯網、虛擬實境為產業當紅關鍵字時，各領域的頂尖研發者已悄悄在部署各種產業應用。

2018 年，Google 研發出 AlphaFold AI，它能超越人類最厲害的實驗室，精準預測人體及其他有機體內的完整蛋白質結構。還有多種金融 AI 工具（例如：2020 年由 Datarails 發布的 FP&A Genius），能夠大量且快速地分析即時的金融資訊，為投資人提供最佳決策建議。

多年來，AI 的產業運用幾乎只在各領域研究者與尖端開創

The Death of Supply Chain Management
and the Rise of PI

者之間進行，雖然進展得如火如荼，但多數世人仍渾然不覺。直到 2022 年底，雷聲驚醒全世界。

2022 年，OpenAI 釋出一款全新工具，幾乎是立刻就席捲全世界，風潮猶如當年臉書一般。那個工具你可能曾經用過，或現在正在使用，小學老師、企業家、白領上班族可能也都認識，它就是：ChatGPT。

ChatGPT 可說是真正各行各業人人可用的 AI 幫手：從客服、教育到行銷廣告，每個行業都立刻火熱地投入運用這個工具。自此之後，AI 進入大眾視野，每個人的日常工作幾乎都能透過 AI 代勞或加速。而當 ChatGPT 出現後，各種具有明確產業效益的 AI 應用工具也相繼問世：

文字生圖 AI 工具，例如：DALL-E、MidJourney

文字生音樂 AI 工具，例如：Riffusion、Google MusicLM、Meta AudioCraft、Beatoven.ai

文字轉語音 AI 工具，例如：Google Cloud、ElevenLabs、Synthesia、LOVO AI (Genny)、Fliki

過往科技業的最大花費之一，在於軟體工程師的人力成本。2023 年出現了 OpenAI Codex 這類自動生成程式語言 AI

工具以後,軟體開發得以大幅加快、化簡,節約工程師人力需求,並大幅提高工程師的開發效率,改變整個產業生態。

2022 年底至今,台灣各產業對於各種內容生成、分析決策的 AI 工具都還在學習、消化、導入的階段。然而,下一波 AI 產業浪潮已然打到我們的腳邊,那就是將 AI 運用於實體產品製造的各個環節。

實體產業導入 AI,發展態勢已不容忽視

AI 的產業潛力絕不限於資料分析或決策,也絕不只是晶片計算後得到的虛擬數位成果(無論是圖片、文字、影像、聲音)。歐美現今最重要的產業趨勢,就是實體製造流程的 AI 運用──這些技術可稱為**實體 AI**。以下列舉幾項具有代表性的案例與趨勢:

一、智能製造:無人工廠更加安全高效

若你有機會接觸頂尖製造業的現代化智能工廠,可以看到生產線上、製造廠房中幾乎沒有人類員工。所有的機械手臂可以感知周遭的物品,精準地拿取、移動、組裝物體。所有的自主移動機器人在搬移物料與產品的過程中,會自動感知周圍環境,在避開障礙物的前提下,以最短路徑到達目標地點。

二、精準農業:減少人力、農藥、肥料、水資源耗損

The Death of Supply Chain Management
and the Rise of PI

　　在歐美，已有許多農地不是靠人力巡邏與管理。農地上的各種感應器能夠偵測土壤溫度、濕度、酸鹼程度，同時收集風向、日照、粉塵等資訊。管理者藉由 AI 工具精準分析灌溉需求、農藥用量、肥料耗損，並且精準補充——過程與結果都更加環保與節約。許多農產公司正在運用配置 AI 的農機採收水果，透過已日漸成熟的無人機、影像分析工具、機械手臂，高程度自動化的採果節省了大量人力。

　　三、電子製造：自動缺陷檢測達成更穩定的品質

　　透過 AI 的機器學習能力，工廠可以快速篩檢出有缺陷的原料，包含凹坑、混色、起泡、劃傷、裂紋等狀態，透過感應裝置一一挑出，大幅節省過往耗時費力的人工比對工序。

　　在生產商品上，AI 可以校正、固定生產參數，以確認生產品質的穩定，除了能有效提升效率，也可以減少廢品率。這在高度精密的晶圓製造業上，具有極高的商業價值。

　　四、軍事戰爭：精準打擊目標，避免傷及無辜

　　近年全球爆發的多場戰爭中，我們已經明顯看見 AI 的作用。空軍的對地面導彈可以在發射後，運用智慧視覺辨識技術，即時分析目標位置，調控落點，進行精準轟炸，減少對平民的傷害，並取得更高效的戰爭成果。

　　實體 AI 應用已經深入各行各業，而且普遍能大幅提升效

能、減少成本。未來，誰掌握了實體 AI，誰就有機會在全球產業賽道中脫穎而出。

誰掌握實體 AI，誰將在全球快速超車

在實體 AI 的新局中，想要用舊方法達成過去的經營成果，可能將如同刻舟求劍。面對目前企業的嶄新威脅與課題，我們勢必需要實體 AI 的新工具來協助企業突破瓶頸。說得更明確些，實體 AI 可以為企業化解三大難題，帶來新契機：

第一、台灣在少子化的衝擊下，人力愈來愈不足，專業人才稀缺，企業很難依賴傳統的人力來達成日常的生產需求。而實體 AI 正可以彌補生產力的不足，企業將不怕因缺工而導致生產的不穩定。

第二、即使是再敬業的生產線員工，也會因為疲累而效率減低，或是注意力不集中而犯錯。而實體 AI 可以全天候二十四小時運作，時刻保持高效、精準的工作能力。在高危險的工作環境下，AI 機器人可以避免意外發生在真人身上。

第三、隨著全球暖化、環境汙染等課題引發全世界關注，傳統企業經營模式愈來愈無法持續。高能耗、高排碳、高浪費的生產模式，將造成愈來愈高的成本，直至毫無市場競爭力。而實體 AI 可達成的精準生產、減少能耗與降低排碳，是許多企

The Death of Supply Chain Management
and the Rise of PI

業存續的唯一可能性。

台灣在這一波的發展趨勢中，具備獨特的技術力，可以充分運用實體 AI 技術，轉變為全球製造中心，掌握競爭優勢。運用實體 AI，台灣企業能透過遠端操作及全球協作，在台灣就可以同時管理亞洲、美洲、澳洲的各地廠房，推動產業發展國際化，在國際產業環境中穩穩占據一席之地。

在未來的五到十年時間，台灣必須將 AI 充分應用於製造業。這不僅是台灣產業升級的關鍵，也是台灣在國際市場中走向更高層次的必經之路，我們必須要把握。

現在就是台灣企業發展的關鍵時期，實體 AI 這列火車正從我們眼前呼嘯而過。要上車嗎？台灣的思考時間所剩無幾。

在當前經濟政策領導者、產業技術先行者的推動呼籲下，我看到這個趨勢已經開始受到台灣產業界的重視，但其中有一個環節仍然被嚴重輕忽，亟需進步與改變。那就是我三十年來的本行：**物流暨供應鏈管理**。

第二章
實體 AI 改造一切：物流暨供應鏈管理，　是時候來一場破壞式創新

生技＋實體 AI，超越傳統邊界，直奔全球市場

這些年我投資了一間非常創新的公司，它的經營主題是：幹細胞大規模製造。每當我跟別人分享這間生技公司的運作方式，他們都會驚呼一句：「簡直難以想像！」

這間公司的創立可說是相當傳奇。創辦人本身是一位牙醫，他原本在診所替病患治療牙齒疾病，但他發現臨床牙醫學有個無法克服的困境：人體細胞的自然老化，使再先進的醫療在高齡者身上都難以發揮效益。

於是他決定回到學校攻讀博士，研究老化問題的解方：幹細胞（stem cell）。

當他以卓越的研究成果取得學位後，他並沒有回到牙醫診所，而是選擇創立一間生技公司，將幹細胞培養技術標準化，而且打造可以外銷到國外的整廠產線。現在，他的產品已經從台灣推展到全球市場，在這個領域可謂占據了無可挑戰的領先

The Death of Supply Chain Management
and the Rise of PI

優勢。

他是怎麼做到的？

我分析他核心的成功關鍵，答案是：**運用實體 AI，突破傳統物流暨供應鏈管理的限制。**

生技產業擁抱實體 AI，顛覆傳統流程

最初這位創辦人雖有強大的技術研發能力，但受限於高額的人工與生產成本，僅能服務台灣大型醫院的幹細胞需求，營業規模與獲利空間相當受限。

但在我的建議與協助之下，他們引入實體 AI，顛覆一般生技公司的營運模式，克服人工、規模、成本的侷限。他們所採用的創新方案包含：

一、精準製造

過往幹細胞的培養製作依賴繁複的手工操作，這樣的製程不僅費時耗力，還容易受到人工變數的影響，導致生產品質不穩定。而在導入實體 AI 進行生產後，大幅減少了傳統人工培養細胞過程所產生的變數，可以使細胞品質維持一致，同時還能大幅降低細胞產製成本。

二、智能庫存管理

過往在實驗室裡，必須由人工小心拿取與移動幹細胞，有

第二章
實體 AI 改造一切：物流暨供應鏈管理，是時候來一場破壞式創新

阻擾細胞正常生長的風險。而現在透過機械手臂自動化拿取培養中的細胞，大幅減少人手不穩定所造成的負面影響。

這套智能庫存系統整合了物流系統與生產系統，讓每一個細胞的生產和運輸過程都能夠全程追溯，細胞品質得以完整確保。

該公司還整合了自動下單採購系統，當庫存中的耗材、藥劑或零件達到最低水平時，將自動觸發系統的下單補貨機制。如此將能確保生產流程不被物料短缺給打斷，從而使生產得以穩定運行。

三、自動化倉儲與分揀系統

幹細胞的保存與運輸對環境要求極為嚴格，不同來源的幹細胞不能混合存放，必須有標準化的分揀設計。該公司建立了一套自動化倉儲與分揀系統，確保新幹細胞不會與其他檢體混合儲存，並透過分揀程序提高儲存效率。

此外，他們設立了即時監控的冷鏈物流戰情中心，可以全天候二十四小時監控冷鏈物流箱的 GPS、溫度、UV 燈，以及運送物品的狀態，確保幹細胞在運輸過程中的品質不受損害。這套系統大大提升了物流運輸的安全性和效率。

四、以數位孿生技術遠端維修客服

傳統跨國經營的公司，每當設備出現問題時，企業往往需

The Death of Supply Chain Management
and the Rise of PI

要派遣技術人員飛往他國進行維修，服務國外客戶。這樣的模式不僅費時費力，還可能導致生產停滯。

這間生技公司運用數位孿生技術，能夠將工廠現場的情況即時、完整地投影到全球任何一個維修點。技術操作者僅需在台灣辦公室，就能遠距離完成國外客戶的維修需求，以及解決使用上的各種疑難雜症。

上述技術讓他們能為全球各地的客戶快速提供維護支持，並保持生產系統的穩定運行。無論對公司本身或其客戶而言，都節省大量人力成本，減少生產停頓的損失。

他們透過 AI，不但能服務遍布全球各地的客戶，還大幅加速工作效率，並且締造許多驚人突破：

——公司裡的人均產出細胞數為傳統製程十倍。

——每顆細胞的生產成本是傳統製程的十分之一。

——實驗室及工廠二十四小時不停運作，相比傳統公司，效益翻倍。

他們不僅接單生產，還開始透過智財授權取得收益。相較於銷售成品，授權金的工作量與成本更低，卻能賺更多錢。

每當我參與這間生技公司的會議，看著他們運用實體 AI 突飛猛進，我常常陷入沉思：在台灣，有多少人能搭乘這波浪潮，積極突破？又有多少人選擇無視趨勢，保守逃避？

第二章
實體 AI 改造一切：物流暨供應鏈管理，是時候來一場破壞式創新

面對產業巨變，你要選擇放棄嗎？

台灣在電子、化工、半導體、精密機械，甚至生物科技等許多產業，已有數十年扎實的技術積澱。有許多類似上述這樣的公司，在某個特定利基市場上享有技術優勢。這些擁有獨特競爭優勢的中小型企業，一直是台灣賴以在世界昂首自豪的隱形冠軍。

然而，隨著全球經濟環境的改變，高比例的台灣企業正在面臨嚴峻的經營挑戰，包含：

人力減少：少子化帶來的缺工危機，讓企業難以找到足夠人力來滿足生產需求，進一步限制了成長潛力。

減碳壓力：各國政府制定嚴格碳稅政策，企業不得不轉變經營型態，否則會失去訂單。

地緣政治與產業鏈重組：過去台灣高程度以中國為製造基地，甚至是主要市場；在新的國際政治格局下，過往模式難以持續，台灣需要找到新的定位。

這幾年來，我和許多企業家深談他們所遇到的經營挑戰。有些經營者面對這麼多難關，採取退縮保守的經營策略，有些甚至選擇收掉公司，對此我都能理解。

我在此舉出這間幹細胞大規模製造公司做為例子，就是想

The Death of Supply Chain Management
and the Rise of PI

和讀者們探討：是否其實有另一條路？另一條讓企業永續經營的路，甚至讓企業開創輝煌收益的路？

這間生技公司運用實體 AI，徹底改造其物流暨供應鏈管理，讓成本得以大幅壓低，同時提高品質穩定度，還能開拓多元且豐厚的獲利模式。而這樣的契機其實是存在每一個行業。

實體 AI 將可以幫助所有製造業、零售業、物流業，全面優化企業物流暨供應鏈管理的體質，包括計畫、採購、生產到運送與退貨的全流程。透過提高效率、降低成本、增加韌性、減少排碳，企業能為客戶提供的價值將翻倍，其本身淨值也將倍增。

這些並非我一個人的觀點，許多高瞻遠矚的產業領袖都有同樣共識。

企業家對未來共識一致：全面導入實體 AI

2024 年 Computex 大會上，輝達創辦人黃仁勳極其生動地描述了實體 AI 正如何迅速改變全球勞動力市場。前 Google 台灣總經理簡立峰及許多趨勢專家也在同年發表相近的觀點。總結他們的見解：石油如何在二十世紀改造所有製造產業，在二十一世紀，實體 AI 也將達成相同的影響。

用一個詞來說明這樣的影響程度：天翻地覆。

第二章
實體 AI 改造一切：物流暨供應鏈管理，是時候來一場破壞式創新

實體 AI 不僅能自動撰寫客製化軟體、提供二十四小時全球化客服，還能自主指揮機器人工作，以自動駕駛載運貨物，優化供應鏈的每個環節。

若是善用實體 AI 技術，未來台灣公司可以同時遠距管理位在全世界各地的工廠，實現「台灣接單，全球製造」。過去三十年，台灣所希望達成的「全球製造中心」將可能成真。

說了這麼多，實體 AI 究竟如何讓每個流程更加智能、自動化，並以極大的精準度和效率創造整個產業的變革？

以下我們逐一從供應鏈的各個環節說起。

第三章
導入實體 AI，掀起一場物流暨供應鏈管理全流程革命

你很幸運。翻開本書的這一刻，你已提前預知未來世界的重大變化。

未來二十年，物流暨供應鏈管理將發生翻天覆地的改變，這波變革是實體 AI 將逐漸應用於物流暨供應鏈管理。接下來幾年，所有產業物流暨供應鏈管理領域的運作，都可能因為導入實體 AI，迎來大規模的革新。從商家裝箱，一直到最終出貨配送的過程，都會有新一輪的變化。提前掌握未來的你，將獲得領先者優勢，可以提早布局。

現在，讓我們深入概念核心：到底本書所討論的實體 AI 導入物流暨供應鏈管理，將與傳統模式有何不同？

裝箱：從一次性裝箱浪費，到用可重複標準化容器寄貨

透過物流暨供應鏈管理系統寄送物品的第一步，當然是**包裝貨物**。

在傳統供應鏈的運作模式中，商家需要自己包裝貨物，而

第三章
導入實體 AI，掀起一場物流暨供應鏈管理全流程革命

許多包材在使用後就會被丟棄，對環境極不友善，造成很多不必要的浪費。

在實體 AI 世界的倉庫裡，商家不需要包裝貨物，改用標準化物流容器，能重複使用，減少環境汙染，達成減碳與永續。

包裝貨物後，是否需要**選擇物流公司**呢？

傳統供應鏈的顧客要靠自己蒐集資料並挑選判斷，檢視許多物流公司的資料，逐一比較價格與服務，用自己的大腦做出選擇。

在實體 AI 世界裡，實體 AI 系統會自動媒合顧客與物流公司，為顧客安排效率最高、費用合宜的物流公司收貨。

寄出前，需要上系統**登錄商品資料**對吧？

傳統供應鏈時代，顧客每次要寄貨時，都要填寫繁瑣的住址、姓名、電話等。我們要小心翼翼核對資料避免填錯，以免貨品無法寄達。

在實體 AI 系統裡，顧客寄件像是寄 Email 一樣簡單：AI 系統會自動記錄你的每一位收件人資訊。當顧客寄送貨品給系統中已有資料的對象，資料會自動帶入，不必再重新填寫。

而寄出郵件後，包裹在物流公司手上運送的過程也是全然不同。

The Death of Supply Chain Management
and the Rise of PI

收件後：貨運公司從各自為戰，到合作聯盟

首先，要寄出的貨物得等到**何時才有物流公司來收件**？

傳統供應鏈的物流公司是各自收件，彼此不合作。特定公司可能每天一次到你的所在處收件，錯過了這個時點，就要再等一天。

實體 AI 系統運用共享經濟原則，物流公司之間會互相合作。任何司機到達收貨點後會收走所有貨物，然後再進行分送。任何郵件在送出前的等待時間都會大為縮短。

是什麼樣的**物流運具**裝載你的貨物呢？

傳統供應鏈的運具是以物流公司自家的貨車為主，沒有和其他公司、單位合作，產業較為封閉。司機不開車的時候，車輛就閒置浪費。

在實體 AI 世界裡採用共享經濟的原理，任何車輛都有機會成為運具，甚至計程車、娃娃車、自家客車，只要介接實體 AI 系統，隨時都可以參與運貨，可將資產活用率最大化。畢竟誰幫忙送貨客戶根本不在意，貨物能準時送達就好。

貨物裝入車廂後，**如何堆放**呢？

傳統供應鏈的運作中，每個人採用的紙箱尺寸各異。由於紙箱的規格太多，貨車不容易以有效率的方式裝載堆疊。

第三章
導入實體 AI，掀起一場物流暨供應鏈管理全流程革命

在實體 AI 世界裡，商家不需要購買紙箱，而是使用規格統一的標準化容器，用來裝載不同尺寸的商品。而規格統一的容器，加上 AI 預先規畫的空間，可以使貨車內形成最密堆疊，讓貨運裝載最大化。

運送：從低效率運貨，到實現高效率物流

熟悉物流的人可以在**貨運安排**上看到極大的變化。首先，關於路線規畫的即時性：

傳統物流暨供應鏈管理常不是依照最即時的資料進行派車規畫，而是以既定的安排進行派車。也就是說，就算只有少量貨物要運，往往也要派出一部貨車載送，顯然浪費運能。

在實體 AI 體系中，會由人工智慧依照整體系統需求、最即時的資料進行計算，讓一次派車就能服務沿路所有需求的客戶，載到最多的貨物，充分利用車輛及裝載運能。

第二，在滿足**運送需求**時，物流業者是否有可能跨公司合作呢？

傳統的物流公司必定是各自運送貨物，也造成效率低落。例如：兩間物流公司走同樣路線送貨、送達同樣目的地，即使都只各裝載半滿，仍然必定是分別各派出一輛貨車，造成人力與運能的整體浪費。這樣的浪費大家都習以為常。

實體 AI 系統中，物流公司之間將可以共用運具，只要順路就合併運送。如此一來，能夠提升裝載效率，減少運貨趟數，壓低交通費。載貨路徑最佳化，加上滿載率高，不但方便，還能大大壓低交通費。未來實體 AI 時代的貨運費用，勢必比今日大幅下降。

倉儲理貨：共用貨倉與智慧運算，讓貯貨效能最大化

大部分貨物需要進倉庫暫放或中轉，而在**倉庫運用**方面：

傳統供應鏈的物流公司各自購買倉庫，自行管理規畫，前期投入費用高昂，而且常因業務量的波動，倉庫時而爆滿，時而閒置空轉。

在實體 AI 系統中，倉庫可開放給多間公司共同管理、規畫，一起承擔費用，同時能最大化使用效率。

進入倉庫後，貨物要放置在哪個櫃位呢？在**倉庫規畫**方面：

傳統供應鏈的倉庫內缺乏貨物擺放資訊，也無法精細計算，只能透過簡單分類搬放貨物，倉儲櫃位無法做最有效規畫。

在實體 AI 世界的倉庫裡，貨物安裝 RFID 等感測器，系統會優化排列方式，提升作業效率。例如：取貨頻繁的品類就靠近門口；反之，不常取貨的就放在遠離大門處。管理者更能掌握倉庫貨物動態，搜尋貨物也更容易。

第三章
導入實體 AI，掀起一場物流暨供應鏈管理全流程革命

在**裝卸貨物**的環節：

傳統供應鏈是由司機自行裝卸貨物，然而司機非裝卸專業，容易發生危險，而且極為辛苦。各個倉庫的裝卸設備不一，司機也不一定熟悉全部倉庫空間，導致裝卸效率低。

在實體 AI 世界裡，司機抵達共享倉庫後，有專業裝卸人員、機械手臂負責裝卸貨物，司機（未來的行動客服）只需專注於**服務**就好。

配送：從高收貨成本，到創造附加價值

當貨物進入最後一哩的配送環節，物流暨供應鏈管理將因實體 AI 發生更多深刻的改變。

在物流的**人力成本與效率**方面：

傳統供應鏈的顧客寄貨時，即使是寄送少量貨物，送貨員仍需專門跑一趟物流，公司要負擔一筆固定物流支出。

在實體 AI 環境下，送貨員跑一趟物流可以跨公司送更多貨物，同時服務更多人，大幅降低物流費用，並且增加人力運用效率。

提升效率的同時，也可以提升物流工作者的**工作報酬**：

傳統供應鏈的送貨員每趟送貨數量甚少，收入低，工時高，常靠衝單量維持收入，加上工作型態奔波勞累，容易導致

The Death of Supply Chain Management
and the Rise of PI

危險發生。

在實體 AI 世界裡,送貨員跑一趟物流,會同時送更多貨物,服務更多人,增加收益。送貨員還能根據自身專業,提供額外服務,例如:維修或安裝等,賺取額外服務費用,不用靠衝單量提高收入。

在**信任感與安全性**方面:

傳統物流暨供應鏈管理中,一個社區每天往往要接待不同公司的數十個送貨員,彼此之間缺乏熟悉與信任,對顧客及社區來說安全不足。

在實體 AI 系統中,不同公司可以委託固定少數送貨員服務同一個社區,熟悉感提升,能讓顧客更安心。

許多人以為貨品送達客戶後,物流暨供應鏈管理的任務就完成。這樣想就錯了。還有下一個環節,而且它愈來愈重要。

售後與回收:建立二手循環系統

現今幾乎所有購買都允許**退貨**,而這仍是物流暨供應鏈管理的一大難題:

傳統供應鏈的退貨流程複雜,顧客需要填寫單據,自行寄送到店家,執行門檻高。

在實體 AI 世界裡,送貨員上門送貨時,能提供顧客退換貨

服務，當場確認退貨事宜，對廠商、顧客雙方都更方便。

當商品經過一段時間使用後，可以成為**二手商品**，透過轉手發揮價值：

傳統物流暨供應鏈管理體系中，二手商品並無法進入正式販售體系。缺乏可信任的二手販賣平台，買家、賣家都容易被詐騙。想要販售二手商品，往往僅能透過口耳相傳販售，買家與賣家難以媒合，更常常無法使用信用卡或開發票。

在實體 AI 系統裡，二手商品的交易可以與正式販售體系無縫接軌，同時將有效支持產品回收、再造，進入再生產的循環。二手商品可以登錄在具有品質認證功能的系統平台，方便個人販售，也方便購買者找到商品。想購買的人將可使用多元支付管道，並取得發票收據。

邁向未來，全面升級供應鏈產業

對於實體 AI 原本非常陌生的讀者們，看完本章，希望你已進一步理解實體 AI 運用於物流暨供應鏈管理將帶來的改變。

我們過往熟悉的物流暨供應鏈管理的每個環節：裝箱、收件、運送、倉儲理貨、收貨、售後與回收，都可以在實體 AI 導入後變得更高效。關於新舊模式在物流各環節的不同，以下加以匯整：

- 原本包裝浪費、繁複的裝箱流程，未來可以透過標準化容器，免除包裝，最小化浪費。
- 原本物流公司的收件效率低，一趟只收一兩件貨，未來可透過共同配送機制，讓公司間相互合作，提高收件效率。
- 原本運貨效率低、交通費高，未來若透過人工智慧跨公司規畫，車內貨物接近滿載，將有望成為物流業界的作業標準。
- 原本物流公司各自建倉庫，前期投入成本極高，未來將實現倉庫共用，讓倉庫利用率最大化，降低成本。
- 原本送貨員的收入低、工時高，未來則能提高送貨員的附加價值，增加收入、降低工時。
- 原本缺乏二手販售平台，未來則有認證機制，讓二手商品重獲新生。

實體 AI 可以解決當前物流暨供應鏈管理各環節的問題，從裝箱、收件，一直到售後服務，通通同步升級。實體 AI 不僅對物流公司有利，對顧客也有極大好處。

第三章
導入實體 AI，掀起一場物流暨供應鏈管理全流程革命

	傳統供應鏈	實體 AI 導入後
裝箱	商家自行包裝貨物，浪費許多包材，對環境極不友善。	商家不需要包裝貨物，改用標準化容器，能重複使用，減少環境汙染，達成減碳與永續。
收件	物流公司各自收件，彼此不合作，導致運輸效率較差。	運用共享經濟原則，物流公司之間互相合作。任何司機到達收貨點後，會收走（分屬各公司的）所有貨物，然後進行分送。
運送	公司依照既定安排派車運貨，缺乏彈性；常常只有少量貨物要運，也派出一部貨車載送，浪費運能。	車輛依即時資訊行駛最有效率的路徑。物流公司之間會共用運具，只要順路，就合併運送。這樣能提升裝載效率，減少運貨趟數，壓低交通費。
倉儲理貨	物流公司各自購買倉庫，自行管理規畫，前期投入費用高昂，而且常因業務量波動，倉庫時而爆滿，時而部分閒置。	倉庫開放給多間公司共同管理、規畫，一起承擔費用；提升作業效率的同時，能最大化使用效率。
配送	顧客寄貨時，即使是寄送少量貨物，送貨員仍需專門跑一趟物流，公司要負擔一筆固定物流支出。	送貨員跑一趟物流，可以跨公司送更多貨物，同時服務更多人，大幅降低物流費用，增加人力運用效率。
售後與回收	傳統供應鏈的退貨流程複雜，顧客需要填寫單據，自行寄回給業者，執行門檻高。	送貨員上門送貨時能提供顧客退換貨服務，當場確認退貨事宜，對廠商、顧客雙方都更方便。

表 2 實體 AI 導入物流暨供應鏈管理的前後比較表

The Death of Supply Chain Management
and the Rise of PI

第四章
實體 AI 帶你進入下一個賺錢風口，到處是金山銀礦

過去幾年間，我南來北往與許多產業的高層分享我對實體 AI 的觀點與前瞻。當他們看到我的簡報時，第一個反應常常是問：「這不就是減少成本嗎？這不就是產業多年來一直在做的事情嗎？實體 AI 還有什麼新的可能性嗎？」

「實體 AI 可不僅僅能降低成本，還能帶來額外利潤！」

每當我說出這句話，他們的眼睛總會立刻亮了起來，露出不可置信的表情：「真的嗎？怎麼做到的？」

請聽清楚了。

數據：全供應鏈快速反應，滿足需求，增加獲利

產業鏈的製造端與零售端之間，資訊傳遞有很大落差，讓企業無法及早做出有利的決策。實體 AI 運用於物流暨供應鏈管理後，能消弭資訊落差，進而增加獲利。怎麼做到的？

例如：當第一線零售商賣出十雙運動鞋時，就只有零售商知道。要直到零售商缺貨時，才會打電話給中間商叫貨。

接著，中間商會統整全台運動鞋的需求量，盤點庫存數，如果數量不足，才會向製造商下單。等到製造商收到訂單，開始備料、排程……這時原本想要買運動鞋的顧客早就忘了這一回事。

最終，當你的產品歷經千辛萬苦趕到市場上，市場風向早就變了，熱度早就過了，佛跳牆都涼了！

零售商、中間商、製造商彼此之間數據不互通，記錄資料的方式也不同，甚至刻意相互隱瞞，導致決策遲滯緩慢。你根本不知道因此錯失掉多少獲利機會。

如果有了實體 AI，廠商們會共同建立一套完整的數據系統，能讓整個系統中的所有人即時得知消費者當前的需求，提前進行決策，也就能及早備料、生產、上市，成功獲利。

近年在歐美非常成功的中國快時尚品牌 SHEIN，採用實體 AI 的思維，透過系統讓生產商也即時了解最終端的銷售狀況。透過最終端的銷售數據，全系統中所有參與者都能知道目前熱銷（與滯銷）的顏色、圖案、版型。然後，不等任何「高層」進行下單決策，上游供應商就可以提前決定針對某款式訂購原料，以準備儘速生產，補充存貨缺口。

等到最終端存貨賣完時，新生產完成的商品立刻到位，填補需求，維持銷售熱度，將獲利放到最大。

The Death of Supply Chain Management
and the Rise of PI

這整套作法,若不是有實體 AI 的思維與資訊架構,根本不會發生。然而,實體 AI 做到的,遠不止如此。

資產:提升投資回報率,額外增加收入來源

每一間物流公司在營運初期都需要將大量資金投注於建置倉庫、運具等資本上,且不會與其他公司共享共用。這不但是很巨大的資金耗費,也削減公司的財務靈活性。而運用實體 AI 思維後,可以大幅降低初期建置成本,轉為利潤。

如果採用實體 AI 思維,企業可以改變單打獨鬥的心態,轉而採用設施共享方式,共同購買或租賃設施。如此一來,可減少資本投入,增加財務彈性。

即使是獨立建置倉庫、購買運具,也可以透過實體 AI 系統,轉租第三方使用,不論對方是否為競業。有些公司堅持不將資產租給競業,我總是請他們三思:就算競業不跟你租倉庫,他們跟別人租還是可以經營得好好的,你也傷不到人家,反倒是你的倉庫空著閒置,是讓自己獲利減少。

如果對方將我的話聽進去,運用實體 AI 思維,理性決策,就能提升資產利用率,增加更多收入來源。

流程：製造業跳過代理商服務消費者，增加高額貿易利潤

大部分廠商在進行國際貿易時，一定會找海外代理商。究其原因有二：

一、難以進行海外行銷，需由代理商推展在地的行銷。

二、單件貨品寄送海外客戶太貴，必須用貨櫃將產品大批運送給代理商，由代理商進行分銷。

代理商雖然能幫助企業在海外打市場，但終究會吃掉一定的利潤，他們是海外貿易無可奈何的存在。而當物流暨供應鏈管理運用實體 AI 之後，很有可能在國際貿易的過程中，降低海外代理商的角色，進而提升廠商利潤：

在實體 AI 時代，廠商可以透過跨國界的社群及影音平台，直接向全世界的消費者行銷自家產品。當國外客戶要購買時，企業可以串接人工智慧系統，直接與國外客戶溝通訂單。這樣的作法大大減少代理商的工作，甚至取而代之。

在實體 AI 的物流模式下，單件產品進行長程寄送的成本大幅降低。廠商不再需要大批出口貨物以壓低寄送成本，而是能夠單件產品出貨，直接寄送到消費者家中。

在實體 AI 架構下，做國際銷售的企業將能夠減少對海外代

理商的依賴，直接銷售給全世界消費者，創造更高額的利潤。

人力：服務性質升級，直接提升公司營收

在供應鏈產業中，最大宗的人力與成本之一是：司機。然而，在實體 AI 架構下，人力運用模式將被大幅改變，甚至能被用以創造可觀利潤。

現今物流公司聘僱大量司機運貨，而司機的主要工作內容是將貨物從 A 點運送至 B 點，而且還常常要負責搬貨。無怪乎許多物流司機感到工作辛苦勞累，抱怨身體容易受傷，工作價值感低。

在實體 AI 的思維中，人將會和人工智慧產生更密切合作，以減少人力做重複性高的工作，共同創造更大附加價值。

例如：未來物流司機的重點工作將不會放在開車上，因為會採用自動駕駛模式，不需要司機開車。而司機不開車後，反而能把工作重心放在顧客身上，加強客戶聯繫，傾聽客戶需求，為公司取得第一線情報，即時做出決策。如果司機本身具備專業，好比擁有醫藥背景，還能為客戶運送藥品，予以解說。如此便能提升司機價值，以及提升薪資，當然也能成為公司營利項目與收入來源。

進入實體 AI 時代，物流司機能從重複性高的駕駛工作中解

放，全心為顧客服務，讓顧客滿意，使公司收益更高，司機本身也能提高收入，創造三贏結果。

從成本中心轉為利潤中心，幫助企業利潤無限增長

超越大部分企業的想像，實體 AI 不僅能降低物流暨供應鏈管理產業的成本，還能將過往認為只會增加「成本」的物流，轉為「利潤」的來源：

- 使製造商可以即時取得第一線銷售資訊，及早為生產決策部署，將帶來利潤。
- 減少建置實體資產，提升財務靈活性；將資產開放出租共享，更進一步變成賺錢的利潤來源。
- 運用數位平台開拓海外客源，同時減低對經銷商的依賴，提高獲利率。
- 改造物流司機的業務內容，增加服務形態，有潛力為公司帶來前所未有的收益。

採用實體 AI 改造物流暨供應鏈管理，是企業未來利潤增長的關鍵，並且絕對可行。相反的，如果你抱持著不做不錯、少做少錯的心態，那麼你可能忽略了全球正在發生中的巨變，而企業存亡也可能將面對更險峻的威脅。

The Death of Supply Chain Management
and the Rise of PI

第五章
三大變局來襲！稍一不慎，再強的企業都得走入歷史

直至今日，實體 AI 在台灣還沒有受到媒體的熱議，尤其在物流暨供應鏈管理領域，更少有人了解它的前景與重要性。在我致力將實體 AI 介紹進台灣市場的這幾年間，常有人會說：

「我們公司想再等等看，說不定不導入實體 AI，我們的生意也能照做。」

「等時機成熟後再來做就好，不然失敗怎麼辦？」

每次聽到這樣的反應，我都會不禁心想：「你可能太過樂觀了。」

如果你看到全球各地正在發生的危機，如果你清楚意識到企業正在面對的威脅，你不可能還認為「不急」。

已開發國家中的諸多企業早已嗅到危機，開始推行實體 AI 運用於物流暨供應鏈管理，以確保自身的永續經營與長期優勢。如果台灣沒有跟上，很快就會面臨「三大危機」衝擊，被各國企業拉開距離，甚至被淘汰。

事態有多嚴重？實體 AI 為何絕對必要？以下說給你聽。

第五章
三大變局來襲！稍一不慎，再強的企業都得走入歷史

變局一：國際衝突與極端氣候，供應鏈更常面臨斷裂風險

近年來全球逐漸區分成兩個對立的國家陣營：極權陣營與民主陣營；極權統治的不可預測性正在上升，而且與民主國家間的抗衡也日益激烈，深深影響了物流暨供應鏈管理的運作。

我們確實觀察到，在極權國家內很容易會發生無法控制的突發事件，例如：2020 至 2023 年間，中國為阻止新冠肺炎擴散，對各大城市接連下令封城，讓這些生產製造中心一夕之間陷入停擺狀態，工廠全部被迫關閉，原本準備好的貨物無法出貨，物流暨供應鏈系統在毫無準備的情況下斷裂。

2021 年緬甸軍事政變、2022 年哈薩克斯坦動亂，都是極權國家政局不穩定而損害產業發展的類似案例。

極權國家也更容易發生人權與法律爭議，如果企業要和極權國家的公司合作，將會面臨許多風險。例如：某些極權國家的政策可能允許強迫勞工、種族迫害、違反人道的工作環境，從而提高了受到歐美國家制裁的風險。

民主國家與極權國家之間的政策衝突，可能演變成貿易戰。有時是懲罰性關稅，有時則是禁止進口，讓國際貿易廠商常常措手不及，只能苦吞損失。

The Death of Supply Chain Management
and the Rise of PI

除了民主陣營與極權陣營的傾軋，世界各國之間的戰亂也日益頻繁。2022 年俄羅斯入侵烏克蘭，雙方鏖戰至今。2023 年哈馬斯在以色列犯下暴行後，受到以色列雷霆式的入侵，後續戰火又波及黎巴嫩、伊朗。盤據葉門的胡塞武裝份子也不斷襲擾周邊地區。同時間，中國在東海、南海地區、西藏邊境都與鄰國持續有擦槍走火的危險。北韓也蠢蠢欲動，時不時發射飛彈侵擾南韓。

下個月會不會爆發新的戰爭？在哪裡爆發？持續多久？誰也說不準。

此外，氣候暖化加劇，無論是森林大火或是強雨洪澇，都比過往更常發生，破壞性也更大。每當這些天然災害發生，都會影響產業的運輸、倉儲，乃至使生產製造流程陷入停頓。

如果企業沒有在物流暨供應鏈管理的規畫上做好預防措施，當政治動盪、戰爭爆發、氣候災害發生時，將可能讓企業遭受巨大打擊，被迫吞下高額損失。

變局二：少子化缺乏人力，第一線工作全面停擺

台灣的少子化問題，可以說是企業的一大危機，而且幾乎所有企業都已經感受到壓力。

根據台灣內政部的人口統計，台灣出生人口的高點是在

第五章
三大變局來襲！稍一不慎，再強的企業都得走入歷史

1975 至 1982 年，平均每年出生人口超過四十萬。然而，此後一路下跌。2023 年全台灣新生兒的數量僅有 13.5 萬人，再創新低，不到高峰期的 35%。如今看來，這還不見得是谷底。

請想想：少子化現象如此嚴重，未來企業在徵物流暨供應鏈的人力時，還找得到人嗎？稍微試算一下：現今在第一線送包裹的外送員，跑一單賺三十元，一小時能跑五單，一天跑十小時，該日收入總計為：

$$30 * 5 * 10 = 1500 元$$

每月工作 20 天，月收入 $1500 * 20 = 30000$ 元

月收入三萬元，多少人能接受？十年後還有多少人能接受？

在少子化的時代，愈來愈少年輕人能夠接受這樣低收入、高工時、低成就感的工作。人力缺乏的情況，在所有產業都是如此。當整個物流暨供應鏈管理產業不再有充足的人力可以稱職地執行工作，將是整個經濟、社會的危機。

以現在物流暨供應鏈管理的運作模式，企業找來的人很可能做不了幾天就因為工作勞累、價值感低落而離職。極有可能，未來根本找不到足夠的人願意應徵搬貨、開車的工作。

如果企業沒有正視少子化危機，未來不但沒有充足人力完成初階工作，甚至連中高階主管的職位都聘請不到人才。這會讓公司經營出現斷層，遲早只能逐步走向倒閉一途。

The Death of Supply Chain Management
and the Rise of PI

變局三：全球擴大減碳，經營成本飆升，甚至無法接單！

　　全球貨運需求逐年增加，碳排放量也愈來愈高。根據《2023年全球碳預算》的報告指出，2023年全球使用化石燃料產生的碳排放量比前一年增加1.1%，再創歷史新高。當前全人類的排碳量中，11%是由物流暨供應鏈產業造成。

　　聯合國氣候行動計畫設定目標，預計在2050年達成排碳淨零（net-zero）。物流暨供應鏈管理是否能達成相應的減碳目標，對全地球而言，以及對企業本身的存續，都相當重要。

　　在全球暖化日趨嚴重的狀況下，各國政府開始制定減碳政策，其中對企業衝擊最大的就是碳稅法規，要求企業要為自己製造的二氧化碳量付費。許多國際大企業都警告台灣的供應商：生產與運輸的碳足跡都會成為企業被課稅的標的，這已經是現在進行式。

　　歐盟進一步制定規則，針對高碳排產業的進口商，要求需具備CBAM憑證[1]，才能讓其產品進入歐盟。許多大品牌為了符合永續趨勢，也規定合作的供應鏈廠商要遵循相關減碳策略，才將之列入未來合作名單。

---

1. CBAM 憑證的全稱是 Carbon Border Adjustment Mechanism Certificate，即碳邊境調整機制憑證。企業需購買此憑證以抵消產品生產過程中的碳排放。

如果企業沒有跟上永續趨勢，將因此付出高額碳稅，甚至被品牌商列為拒絕合作名單。此結果，輕則導致競爭力下滑，重則將使企業無法在市場競爭中生存。

未及時導入實體AI，將喪失國際競爭力，淪於三流企業

時至今日，我們已經看得非常清楚，對於所有企業而言，三大變局將成為未來決定生死的關卡。全世界各國受到上述三大挑戰衝擊的程度不一，台灣受到的威脅尤烈於其他國家：

變局一：政治、軍事、氣候造成動盪。台灣的位置與產業形態注定受到國際政治與軍事動盪的影響，風險遠大於歐洲與美國。

變局二：少子化造成人力資源嚴重匱乏。少子化的現象，全世界最嚴重的國家就是台灣與南韓，兩者並列人口減少（比例而言）與老齡化最快速的國家。

變局三：全球碳稅與淨零規範。台灣產品有高比例銷往歐美日，而這些國家都極重視環保減碳。遵循減碳政策將拉高產業成本，若不依循又將徹底失去接單資格。台灣的產業在綠色貿易趨勢下高度曝險，遠比其他國家受到更重的打擊。

相較於台灣，許許多多受影響程度更低的國家都已經更早、更積極因應這三大挑戰。有效的因應方案已經在美國、歐

The Death of Supply Chain Management
and the Rise of PI

變局一
政治、軍事、氣候造成動盪

變局二
少子化造成人力資源嚴重匱乏

變局三
全球碳稅與淨零規範

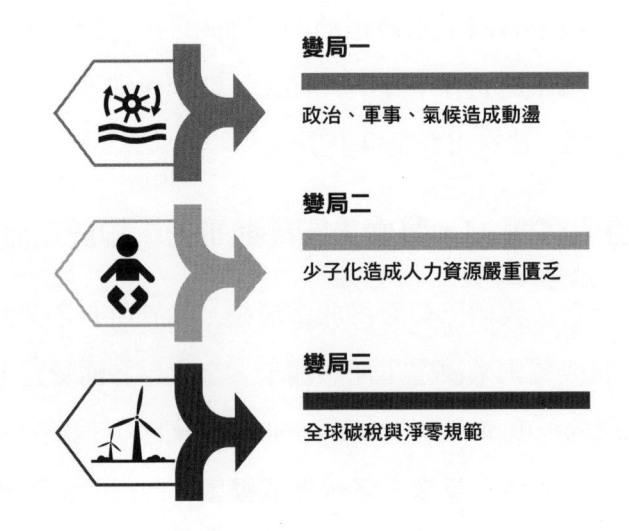

圖 6　產業將面對的三大變局

洲等地推動實施，而中國、日本也在推動相關發展，逐漸成為一股世界趨勢。他們共同採用的方案就是：實體 AI 導入物流暨供應鏈管理體系。

然而，受到最嚴重影響的台灣卻仍然知覺遲緩、欠缺決心，甚至推阻變革。每見至此，我怎能不焦急憂慮？

在此同時，我也看到台灣的潛力，只要我們能加速導入實體 AI 應用於物流暨供應鏈管理，台灣將比世界任何國家都更有快速發展的優勢、獨占產業大運的潛力。

為什麼我這麼說？下一章告訴你！

第六章
把握眼前十年因應變局，
將兌現台灣產業革新飛躍的黃金機運期

上一章提到全球當前正在發生的三個變局，包括天災與政治動盪、勞動力短缺、全球減碳政策。這三個變局將決定企業能否存續，或是走向衰亡。而這些變局對台灣產業的衝擊，又更甚於其他國家。

當我和幾位產業界友人談起這些危機，他們多少都有所知悉，卻苦於沒有系統性的因應方案，因而常感到束手無策。

我太明白企業老闆、高層主管們，表面看起來風光，但實際上內心有多麼焦慮。然而，我也深知，面對這些變局，我們其實已經有可以因應的系統性方案。這個方案所需的科技已臻成熟，在許多方面都經過實踐驗證，只等高瞻遠矚的企業家運用於經營實務之中。

這個系統性方案，就是前幾章反覆提及的：**實體 AI 導入物流暨供應鏈管理體系**。

實體 AI 應用於物流暨供應鏈管理不僅將協助台灣企業化解當前困境，甚至可能在未來十年間，幫助台灣迎向數十年來難

得的黃金機遇期。

怎麼辦到？讓我仔細分說。

因應變局一：建立供應鏈韌性，將能應對千變萬變

每當發生天災、戰爭、政治變局，常常導致運輸中斷、交易停止，或是貿易被迫重組，以致於企業運作陷入停頓，造成重大損失。然而，**實體 AI 導入物流暨供應鏈管理以後，突發變局的損失將可大幅減低。**

當上述變局發生時，實體 AI 系統會對物流暨供應鏈管理的所有環節進行自動調整，包括：自動改訂其他倉庫櫃位、向其他供應商下訂單，以及改變運輸路線。透過快速反應，調整計畫、採購、製造等所有環節，企業的生產與運輸過程被打斷的程度可以控制在最低水準。

例如：歐洲廠商原本是跟南韓訂貨，卻因為紅海危機而無法及時運抵。當收到了情勢變更的資訊，實體 AI 體系能快速變更供應商，改向東歐同級廠商訂貨。反之，南韓原本要賣到歐洲的貨物，也能快速改運送到其他亞洲地區銷售。

這一切調整都將由掌握全部數據的實體 AI 系統即時決策，不需要層層上報、開會討論、爭執協調，於是節省了大量拖延的時間，也就減少了企業的大量損失。

因應變局二：升級物流從業者工作價值，提高客戶滿意度

　　一線物流從業者長期忍受低薪、勞累、成就感低落的工作環境，在少子化的社會趨勢下，勢必難以吸引到足夠的從業人力。這不僅是個別企業經營的問題，更是關乎所有產業存續的問題。然而，**實體 AI 導入物流暨供應鏈管理以後，一線從業者的工作價值可以大幅提升。**

　　未來實體 AI 會有一套跨企業的共配系統，當（不同公司）有十件貨物要寄送到同一位消費者手上時，系統會做配送規畫，將貨物都集中到同一位送貨員身上，他只需要跑一趟物流就能完成十件運送。

　　如果這名外送員本身具備專業，好比簡易維修或醫藥背景，還能提供客戶高價值的附加服務，增加額外收入。

　　讓我們再做個試算。在實體 AI 導入物流暨供應鏈管理的架構下，一位行動客服跑一單賺三十元，一小時能跑兩趟，每趟各完成六單，加上額外兩百元專業服務，一天跑十小時，收入為：

　　　　每天：（30 * 2 * 6 + 200）* 10 = 5600 元

　　　　每月：5600 元 * 20 天 = 112000 元

如此一來，將可以減少寶貴的人力用於重複性作業，轉而投入更高價值、高回饋的工作。這才是在少子化情勢下，企業的生存之道。

進入實體 AI 時代後，一線物流從業者的工作可以更有效率、擴增高價值服務項目，不但提升了工作價值感，還可以提升薪資報酬，產業缺人問題將會因此得到大幅的緩解。

因應變局三：降低製造與運輸碳排，跟進淨零目標

如火如荼的減碳風潮席捲全球，歐美等先進國家（也就是台灣的重要市場）相繼提出嚴格的碳稅、採購標準。我們已經清楚看見：如果不採取大規模減碳措施，台灣企業的外銷獲利將嚴重縮水，甚至無單可接。**實體 AI 導入物流暨供應鏈管理以後，將對產業達成減碳淨零的目標帶來極大助益。**

當物流暨供應鏈管理進行實體 AI 變革，至少將帶來以下五方面的影響，可以大量減少碳排：

一、支援清潔能源車輛，運輸環節的碳排將可歸零

實體 AI 系統將會支援清潔能源車種，以實現完全智能化，從而減少燃油車造成的碳排。在我看來，在所有清潔能源車種之間，氫能源比一般電動車更適合用於物流產業，因為可以產

生足夠的扭力,而且沒有電池過重的問題。

二、貨物共配,提高載運率

目前所有企業都各自規畫運貨計畫,導致貨車的裝載率低。我常看到貨車裝到三分之一滿、十分之一滿,甚至為了一件貨物,就開出去一趟。未來,所有加盟實體 AI 系統的公司將共同安排貨物配送。我們可以預期,每車的滿載率將提升,也意味著載運總趟次、總碳排都可以減少。

三、智慧運輸,選擇最節能路徑

實體 AI 系統不僅將減少物流的總派車趟次,還可以用人工智慧即時計算交通情況,安排最短、最有效率的運輸路徑,能有效減少碳足跡。

根據商貿運籌發展協會估計,如果實現實體 AI 架構,能將貨運業原先平均 65% 的裝載量提升至 85%,並減少 15% 運輸距離,將大幅推進社會達成 2050 淨零排放的目標。

四、減少用路車輛,化解闢建新道路的壓力

在實體 AI 體系中,企業會採用共同配送機制,可以有效率分配運貨量,提升運輸效率;在同樣貨運的前提下,路上貨車

數量將減少,從根源避免交通堵塞。交通順暢後,政府也不用再新建道路,從而避免破壞環境與土地,減少水泥等排碳建材的運用。

五、促進二手循環經濟,減少資源浪費

在實體 AI 系統架構上,將可以建立一套具備第三方公信力的「全球貨物循環系統」。未來當消費者要販售二手物品時,都可以交由系統販售。系統會自動媒合買賣雙方,並且進行方便、可靠的金流服務。讓一件物品可以在二手經濟市場被重複

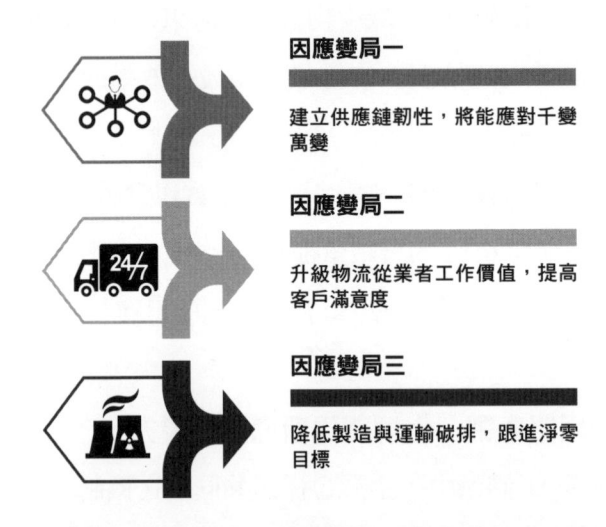

因應變局一
建立供應鏈韌性,將能應對千變萬變

因應變局二
升級物流從業者工作價值,提高客戶滿意度

因應變局三
降低製造與運輸碳排,跟進淨零目標

圖 7 實體 AI 導入物流暨供應鏈管理以因應變局的三大機制

販售，將能最大化物品價值，從根源減少社會資源的浪費。如此一來，也在永續與環保層面，提升企業的獲利競爭力。

爭奪黃金十年，台灣最後的上車機會

台灣面臨的三大挑戰，其實也是我們可以把握的三大契機。如果台灣能在未來五至十年間，採用實體 AI 導入物流暨供應鏈管理，不但可以克服上述三大挑戰，而且極有機會進一步在全世界的製造體系中擴大優勢，爭取貿易分額。

也許你會好奇：「為什麼是未來五至十年？這個時間窗口為什麼是重大機遇？再等幾年，等一切局勢更加明朗再行動，有什麼不行？」

如果這也是你的問題，請仔細思考目前的趨勢：

一、少子化大浪將在十年內撲向產業

台灣第一次人口負成長發生於 2020 年。而在更早以前，台灣的出生人口就已經呈現斷崖式下降。2000 年，台灣新生兒人數還超過三十萬，短短五年後降至大約二十萬（減少三分之一），2010 年更是只剩十六餘萬（接近減半）。

2000 至 2010 年間出生的人，大部分將會在 2025 至 2035 年之間陸續投入職場。可想而知，未來的工作人口將會急遽減

The Death of Supply Chain Management
and the Rise of PI

少，在十年之後，企業的缺工狀況就會明顯影響日常的生產與運作。顯然少子化的趨勢不容企業再袖手旁觀，消極空等十年再進行因應。

而另一方面，已對人口減少趨勢做好準備的企業，將在未來十年的競爭中脫穎而出。在其他企業因人力短缺而苦苦掙扎的時候，採用實體 AI 導入物流暨供應鏈管理的企業將不受衝擊，運用科技填補人力缺口，取得更豐厚的利潤。

二、民主與極權對立，產業重新布局將在十年內底定

目前全球的貿易體系將以中國、美國各自為首分裂成兩個陣營，兩大陣營間的經貿往來正在不斷萎縮。原本在中國投資設廠的企業（其中有大量台資企業），必須選擇其他地區進行生產製造。

在此同時，美國以及其他民主國家正在全力減少來自中國的進口貿易。尤其愈是涉及高科技領域，更是需要完全避免來自中國的產品，甚至連零組件都在減少。因此，許多企業正在尋找新的採購商。

這顯然是台灣企業千載難逢的機會。

不過這波產業重整不會無休無止地進行下去。五年內，最多十年內，這波經貿遷移估計將會重整完畢。台灣企業必須在

此之前採用實體 AI 導入物流暨供應鏈管理，深度嵌入民主國家集團的產業系統，以期把握從中國市場向外轉移的需求。目前從日本、韓國，到泰國、印尼、馬來西亞等地企業，都在搶食市場分額。

若台灣積極把握，十年後，將穩定地成為歐美等自由國家緊密的產業夥伴；若錯失良機，十年後，台灣將陷入孤軍無援的絕境。

三、台灣在半導體產業的優勢還有十年，新的支柱產業必須產生

近年來台灣產業的整體發展堪稱亮眼。但細看其構成，我們得承認是靠著台積電及其他少數半導體企業，撐起台灣外銷產值的主要分額。

目前大部分的專家都預估，在未來十年內，台灣的半導體產業在國際上還能保持優勢。但在這之後，半導體是否能維持現今的產業重要性？台灣優勢是否存在？就很難說了。台灣無疑需要發展新的支柱產業，才能在半導體的產業優勢式微後，接起半導體產業的棒子。

如果十年後，台灣在半導體的領先程度被拉平（甚至超越），後續沒有產業接棒，台灣經濟將陷入困境。當前從民間到

The Death of Supply Chain Management
and the Rise of PI

政府都在積極發展半導體之外另一個熱門產業,試圖為十年後的局勢做準備。

到底發展什麼產業可以成為十年後與半導體具有同樣優勢的產業主力,目前沒人能說得準。然而,採用實體 AI 導入物流暨供應鏈管理,將是任何產業為十年後局勢預先布局的最好方案。畢竟無論哪個產業要成為「護國神山」,與全世界的貿易夥伴之間密切連動、高效運輸,是必不可缺的前提條件。

以上三點,是接下來十年內必將發生的趨勢,並且會日益明確,影響企業的發展。如果台灣沒有意識到問題嚴重性,就很有可能被目前積極引入實體 AI 的發展中國家超越,甚至淪為三流國家。相信這不是任何一位台灣人所樂見的情況。

過往台灣企業高比例是從全世界接單,在中國運用廉價的人力及資源進行生產,而這個模式的剩餘時間已經進入倒數。我們需要實體 AI 導入物流暨供應鏈管理,讓台灣企業擺脫地理、語言等限制,徹底融入全球生產體系。如此方能保證十年後,世界上還有台灣的一席之地。

做對決策的企業與國家,十年後將走上強者恆強的正向循環;若浪費這十年,很可能走向弱者恆弱,不易翻身。

如果你還在猶豫:實體 AI 導入物流暨供應鏈管理將對企業

第六章
把握眼前十年因應變局，將兌現台灣產業革新飛躍的黃金機運期

的營運效能帶來很大的改善嗎？導入之後，效益是立竿見影、即時可見的嗎？

　　讓我們從非常熟悉的案例出發，具體衡量實體 AI 導入物流暨供應鏈管理可以為企業帶來多大程度的進步與改變，以及這樣的效益可以多快地展現在企業運作實務上。

第七章
改造方案近在眼前，
把握機運的人將能勝出

「實體 AI 導入物流暨供應鏈管理究竟能帶來多大的效益？它的效益展現在企業每天具體的經營上，還要等五年？還是十年？」

每當我向其他人介紹實體 AI 時，他們總會提出這個問題。

在我們的日常生活中，也發生過多次類似實體 AI 的劇烈創新，它們皆為世界帶來極大的影響力，徹底改變一整個產業的運作方式。

有兩個科技案例就出現在我們的身邊，不但深刻改造了我們的生活，而且也啟發了實體 AI 的發展。相信當你看到這兩個案例的影響力之後，就會對實體 AI 即將為物流暨供應鏈管理帶來的進步，包含大幅度的成本下降、效益提升，有更具體、更真確的評估。

有如電郵的全流程自動化，可大幅提升送件效率

比較資深的讀者也許經歷過電子郵件出現之前，只能手寫信件、找信件寄出的時代吧？後來網路日漸普及，愈來愈多人

擁有電子信箱，現在Gmail等信件服務極為成熟，幾乎每個台灣人都會使用。

未來實體AI帶來的全流程進步情境，將類似電郵取代傳統信件般劇烈。當年電郵帶來的效益包含：

一、簡化流程，降低使用者的障礙

從寄送手寫信演變成寄送電子郵件，最容易意識到的差別是：手續變得好簡單、好便利！

你只需要輸入收件人的電子郵件帳號，按下「寄出」，幾秒鐘過後，對方就收到信了。為什麼？因為系統讓流程簡單化了。我們不必選擇傳輸訊息的電纜、電信公司，也不用管寄信途中經過哪個路由器、伺服器，系統通通都自動完成。

這不是很好嗎？我們要的只是對方收到信，一點都不在乎過程中是由哪些機器傳遞、分屬哪些公司。我們一點都不想知道，也不想參與選擇。

實體AI導入物流暨供應鏈管理，將會讓寄送物品的難度與複雜度，降低到與寄電子郵件一樣簡單便捷。

二、優化路徑與流程，減少人力成本

在寄送電子郵件時，背後並沒有大公司聘僱龐大的員工群

The Death of Supply Chain Management
and the Rise of PI

體處理寄信後的所有工作，例如：選擇資訊封包要經過的伺服器、路由器、電信公司等，而是由系統內建的程式自動選擇最適合的方式完成寄送。

傳輸 Email 資訊封包的全流程完全自動化，沒有人力介入，能大幅節省人力，讓寄 Email 更有效率。而實體 AI 導入物流暨供應鏈管理，也將使貨品運輸的效率發生相似程度的提升。

三、機器自動調整，化解瓶頸，讓系統走向零出錯

關於 Email 的一個特性，你是否感到驚奇：寄 Email 時，幾乎不會有寄件失敗的情況。

那是因為當任何路由器或伺服器失效時，系統會自動選擇其他替代設備接力傳輸數據封包，繞開瓶頸或損壞的路線。甚至當伺服器使用過載，好比雙十一節慶湧入大量電商平台的購物人潮，彈性化的系統能根據當前的使用量，自動擴增伺服器數，避免平台當機風險。

實體 AI 導入物流暨供應鏈管理，對於貨運的可靠度而言，也會有相同的強化作用。

在實體信件轉化為電子郵件的過程中，大幅增加了訊息溝通的方便性，幫助全球企業降低資訊傳播的成本，帶來難以估量的效益。而當前實體 AI 導入物流暨供應鏈管理的發展，不但

受電子郵件的啟發，其為全球創造價值的程度也將會與之近似。

參考共享單車經驗，共享實體設施效益明確

2012 年，台北市街頭開始出現一輛輛插樁式、黃色、微笑的共享單車：YouBike。經過多年的實驗與推行，微笑單車受到民眾廣泛信任與喜愛，開始在台灣各縣市遍地開花，相信許多住在都會區的讀者都租賃騎乘過。

過去要使用單車都得自己花錢購買；要「擁有」，才能「使用」。有了共享單車後，所有人逐漸理解，可以不具備「所有權」，只購買暫時的「使用權」，就可以滿足騎乘單車的需求。

共享單車是台灣讀者最容易觀察與體驗的共享經濟實踐。實體 AI 導入物流暨供應鏈管理和共享單車的發展與普及，在以下三個方面有極高的相似之處，可以為世界帶來極大的進步，也直接為使用者創造便利與價值：

一、共用資產能大幅減少資本投入，達成相同效果

台北市目前約有兩百五十萬人口，很可能有接近兩百萬單車使用者。如果要購買才能使用，就意味著台北市民要買兩百萬輛單車。然而，在共享單車的實驗後，物流暨供應鏈管理專家發現，可能實際上只需要三十萬輛就足夠整個台北市的人使

用。為什麼單車需求量可以少於使用人數？[2]

因為每個人使用單車的時間不一樣。例如：學生可能早上七點半上學、下午五點半放學時需要騎單車，買菜阿姨則常在上午九點半騎單車逛市場，有些家庭則在假日下午騎單車出遊。

當所有人都各自買單車，每天只使用一小段時間，會造成單車在多數時間都是閒置狀態，還占用家中的空間。而共享單車的概念是讓人不必擁有，想用時可以隨時租借，不用時就還給系統讓別人使用，使用效率得以最大化。

有了共享單車後，單車很少閒置，幾乎每小時都有人使用，也許約七人共用一輛車已經相當足夠。

而實體 AI 導入物流暨供應鏈管理後，運具、倉庫等資產都可以跨企業共享。很有可能現今總量三成的設備投資，就足以滿足全體所需。如此一來，將能大幅節省資本投入，增加經營效率。

二、藉由共同管理，降低營運成本

每天使用共享單車的人會發現：幾乎每輛單車隨時都保持乾淨清潔，排列擺放整齊，不會胡亂丟放在路邊，損壞也能控

---

2. 根據維基百科資料顯示，2023 年 5 月時，台北市微笑單車數量為 15047 台。

制在很低的比例，甚至可能比自家買的單車維護得更好。為什麼？

原本每個人家裡的單車需要各自花時間整理，費時耗力。在單車共享後，會有專業人員處理單車的清潔與整理，效率更高，成果還更好。

人人買車，兩百萬輛單車，兩百萬名車主各自清洗；若使用共享單車，三十萬輛共享單車，僱用一千名專業人員可能就足以負擔清潔與維修的任務。

負責管理共享單車的捷安特公司還可以統一維修、購買清潔用品、採買與更換零件，大幅節省成本。並非每位車主都懂得維修保養單車，由專業團隊執行會更有效益。

實體 AI 導入物流暨供應鏈管理後，物流公司將能統一管理運具，統一維修、清潔、保養設施。由專業團隊負責，能大幅度降低管理成本，提升效率。

三、依據運用量計費，財務負擔更為合理且輕盈

當專家從財務面剖析，會發現使用共享單車也具有極大的優勢。

若民眾必須購買單車才能使用，就表示得先花一大筆錢。此外，還要準備停車地點，以及日常維護保養費，導致購買一

The Death of Supply Chain Management
and the Rise of PI

部單車的衍生成本極高。

而使用共享單車只要在需要時租賃，支付以時計價的費用就能騎乘，不需要花費額外的成本。使用費不但比購買單車便宜許多，還能增加財務彈性。

實體 AI 導入物流暨供應鏈管理後，對所有企業也將達到同樣的效益——購置運具、倉庫等硬資產的資本投入可以大幅減低，後續的使用費將以使用量計算，用得多（意味賺得多）才會付得多。企業的財務支出將更合理、更節約。

如果你看見電郵與共享經濟帶來的巨大效益，應該就能理解為什麼我會極力推廣實體 AI 導入物流暨供應鏈管理，因為這項技術變革將會達到相似，甚至更高的效益。

這項能改變全世界產業運作模式的技術，在台灣尚未引發討論風潮，許多人可能以為它還在很前端的理論階段，距離實務運用還很遙遠。

這樣想就大錯特錯了。

研究機構討論實體 AI 導入物流暨供應鏈管理已經有數十年之久，在歐美日等國家早就有企業界進行實踐，而且已經進入國家推動的階段。在過去數十年裡，這個技術與相關實踐有另一個名稱：實體互聯網。

	電子郵件／實體 AI 導入物流暨供應鏈管理	共享單車／實體 AI 導入物流暨供應鏈管理
使用便捷高效	・系統讓流程簡單化，人們不必選擇傳輸訊息的電纜、電信公司，就能寄信。 ・人們寄送貨物時，同樣可以讓流程簡單化。	・使用共享單車時，只在需要時租賃，支付以時計價的費用就能騎乘。 ・未來公司不必花高昂費用購買設備，而是採用共享機制，購買使用權，大幅降低財務壓力。
維護容易不易出錯	・寄 Email 時，因為背後有彈性化的系統，幾乎不會有寄件失敗的情況。 ・未來可以打造一個貨物運輸系統，當任何路徑、運具、倉庫損壞，系統會立刻運算出替代方案。	・三十萬輛共享單車，僱用一千名專業人員可能就足以負擔清潔與維修的任務。 ・統一管理貨運設施，就能統一維修、清潔、保養，大幅度降低管理成本。
成本與費用低廉	・寄信後的所有工作是由系統內建的程式，自動選擇最適合的方式完成。 ・未來在寄貨時可以運用自動化運算，達成更高效的寄貨決策。	・共享單車很少閒置，幾乎每小時都有人使用，也許約七人共用一輛車已經相當足夠。 ・當倉庫、貨車、各類設施都可以共享，或許三成的設備投資就足以滿足全體所需。

表 3 電子郵件、共享單車與實體 AI 導入物流暨供應鏈管理的相近之處

The Death of Supply Chain Management
and the Rise of PI

　　過去二十年，理論界與實務界早有一個願景：讓物質包裹毫無摩擦力地流通世界，就像數位包裹在互聯網（Internet）上全球傳遞一般；因此，這項相應的技術被稱為**實體互聯網**（Physical Internet, PI）。

　　最近兩年間，人工智慧大行其道，黃仁勳等產業領袖另行提出**實體 AI** 這個概念，引發各界關注和熱議。其實，「實體 AI 導入物流暨供應鏈管理」這個概念，和歐美學術界、實務界推動已久的實體互聯網，是完全相同的內涵。本書從本章開始，將以**實體互聯網**稱呼這項技術領域。

概念絕非新穎，研究與推動已二十年

　　雖然在台灣尚少有人熟悉，但實體互聯網這項技術在國際間已經至少有二十年的研究歷程，而且早已有企業、政府開始著手推動。這二十年來，我本人一直見證著實體互聯網研究與發展的進程。

　　我在碩士階段就讀於美國喬治亞理工學院，而任職於該校的 Benoit Montreuil 教授，從二十年之前就開始發展實體互聯網相關理論與實踐方法，Montreuil 教授本人也是我在實體互聯網方面的重要指導者。他已在美國成立實體互聯網相關研究機構，並且長期受到美國國家科學基金會的資助。

第七章
改造方案近在眼前,把握機運的人將能勝出

在歐盟,數十所大學、研究單位、大型企業、各國政府,組成了「歐洲物流暨供應鏈創新協同聯盟」針對實體互聯網的前景進行研發與推展。

在中國,物界科技公司的創始人田民先生領銜推動實體互聯網聯盟。日本則是由政府農業部、商業部在推廣實體互聯網革新。兩地目前都有明確的發展動能。

雖然實體互聯網是新引進的概念,並不代表在台灣沒有相關實踐。

零售商屈臣氏已經在全台灣建立統倉,幫助供應商快速鋪貨到全台各地。供應商不必自己蓋倉庫與鋪貨,而是支付一筆統倉費用,屈臣氏就會協助進行倉儲、鋪貨。

屈臣氏不但幫助供應商節省費用,還能額外收一筆服務費,打破過去物流是成本的觀念,讓物流也能成為利潤中心。這就是明顯具有實體互聯網元素的物流暨供應鏈管理創新實踐。

除了屈臣氏,原本專門用來載人的 Uber,近年來也開啟食品外送服務,未來極有可能也會開啟貨品運送服務。

在 AI 技術日臻成熟的今天,實體互聯網的發展更將以一日千里的速度推進。

The Death of Supply Chain Management
and the Rise of PI

從理論到實踐，台灣跟上實體互聯網趨勢刻不容緩

在全世界先行者的理論、實驗、商業實踐中都已經發現，以實體互聯網模式改造供應鏈——也就是用更多的共享、更多的 AI 自動化決策——對減少碳排高度有益，也就必定能減少成本，而且甚至可能開發各種帶來利潤的方案。

在台灣，實體互聯網的具體論述、整體藍圖，是最近兩年才由我任職的台灣全球商貿運籌發展協會開始引進推廣。我正全力推展以實體互聯網概念建立智慧物流學校，帶領台灣產業走向物流暨供應鏈管理的新篇章。

各國已經著手開展推動實體互聯網，台灣身為世界物流暨供應鏈管理發展的重要經濟體，絕不能在這場革命中缺席，必須成為實體互聯網發展的深度參與者，這也是我撰寫本書的核心原因。

若問企業該從什麼時候開始實踐實體互聯網？我的答案就是：「現在。」

走向實體互聯網的國際政商環境已經成熟，科技發展也早已到位，只要我們物流暨供應鏈管理從業者的心態跟上，所有企業都可以走向實體互聯網，收獲變革的利多。迎向轉變，愈早愈好。

第七章
改造方案近在眼前，把握機運的人將能勝出

你也許不可能在下一季度就引入實體互聯網改造公司的供應鏈架構。我也認同這絕對是需要按部就班、穩紮穩打逐漸成形的改造工程；但事實是，我們已經沒有消極等待的餘地。

也許改造整個企業的供應鏈非常困難，那就讓我們先從改變自己、同事、團隊的心態開始。而這就是本書存在的意義。

如果還有人認為時機還沒到，那麼就讓我用三十年親身經歷的世界供應鏈發展史向你證明：**實體互聯網必會發生，就是現在**。

學習永不停歇 QRcode
掃描並訂閱，探索 AI
與 PI 的未來，成為
業界變革的領先者

第二部

看透過往，
就能預知未來

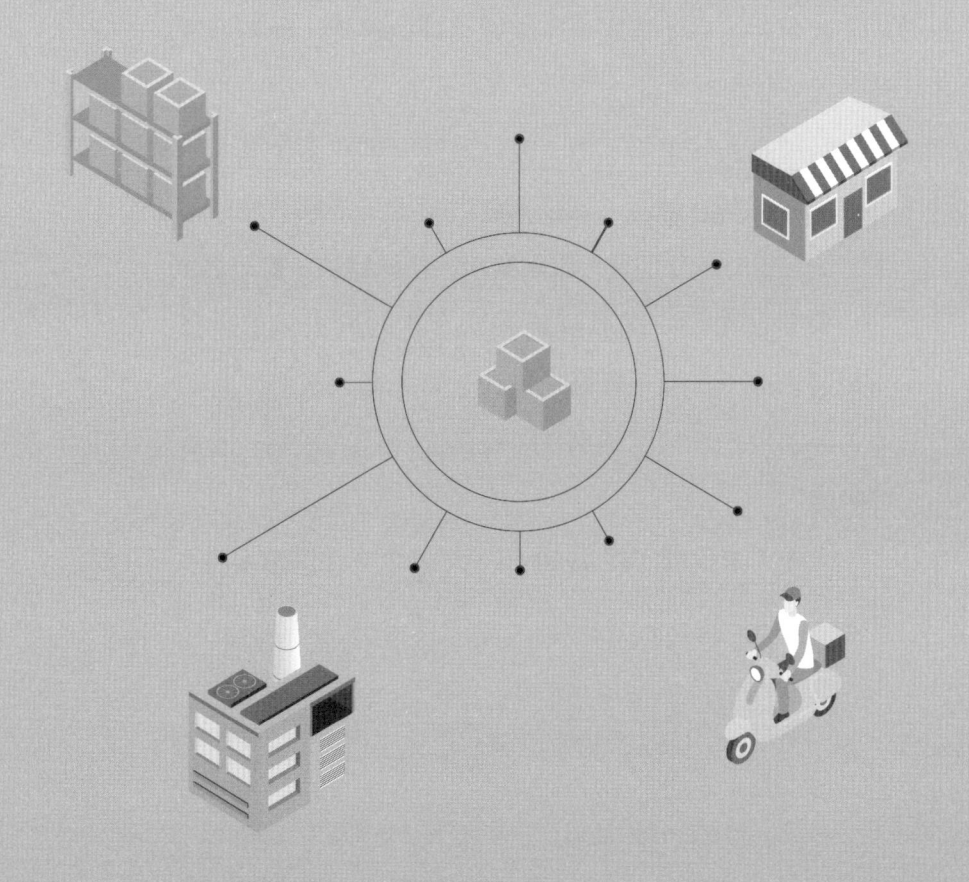

The Death of Supply Chain Management and the Rise of PI

　　我十分確信，物流暨供應鏈管理下一階段的最重要發展，必定在實體互聯網。

　　為什麼？

　　過去三十年來，我一直任職於物流暨供應鏈管理領域，並且不斷觀察、思考這個產業的未來。我從最基層做起，當過報關稅務、貨物代理、代理業務、倉儲專案管理，也做過管理階層。三十年來我在美國、中國、台灣都擔任過物流暨供應鏈管理顧問，輔導與改造超過五百間大型公司的供應鏈架構。

　　我看著這個產業三十年來在全球的演變，如同看著我的兒子長大一樣歷歷在目。

　　回顧過去三十年，物流暨供應鏈管理可謂經歷了三次重大轉變。在每個時期中，三股關鍵力量總是推動改變的最主要因素。這三股力量分別是：**政經環境、技術發展、群眾態度**。

　　只要你和我一樣理解過去三十年的歷史演進脈絡，你一定也將百分百、毫不質疑地推斷，下一階段實體互聯網必將到來。因為政經環境已經到位，技術發展已經成熟，人群態度即將轉變。

　　首先，讓我們回到 1990 年，那時全球化供應鏈體系正在萌芽。

第八章
1995-2005：鐵幕倒下，網路科技打造供應鏈全球化

我出生成長於冷戰的年代，當時以美國為首的資本主義陣營和以蘇聯為首的社會主義陣營長期處於政治和軍事對峙，相互阻隔、完全對立。在這兩個陣營外的「第三世界」國家，例如：東南亞和中南美洲諸國，與歐美國家貿易往來也相當少，更尚未發展成世界供應鏈體系。

1997年，我任職的第一份工作是在美國紐約的機場上班，夜以繼日處理貨物。現在回頭看，當時全世界正在發生第一次供應鏈的重大轉折：有史以來頭一回，全球邁向經貿與生產的深度整合。

國際政經局勢：共產陣營崩塌，自由經濟市場

和我年齡相仿的一代，應該永遠忘不了這個畫面：一個壯漢拿著大鐵鎚，一次又一次猛力敲擊牆面，旁邊群眾揮舞旗幟，不分學生、工人、工程師、藝術家，愈來愈多人加入，每個人都欣喜若狂、大聲呼喊。

The Death of Supply Chain Management
and the Rise of PI

　　那一天，全球新聞媒體都是同一個頭條：**柏林圍牆倒塌**。此後，東西德人民不再分離，大家迫不及待衝向另一邊的國土，或者說曾經的同一塊國土。

　　1989 年 11 月後，如同柏林圍牆倒塌，東歐及中歐的共產政權也逐步垮台；1991 年 12 月，蘇聯正式解體，冷戰宣告結束。這個事件為全球帶來的重大影響，那時候才正要開始。

　　在柏林圍牆倒塌前，共產國家占世界半壁江山，包括蘇聯、東歐、中國、越南、柬埔寨等，與民主國家之間的產業毫無交流。許多發展中國家與地區，像是印度、東南亞、中南美，即便不是共產制度，也廣泛採用社會主義經濟模式，甚至在貨物流通上有極為嚴格的管制，更別說跨國供應鏈。

　　直到柏林圍牆倒塌、冷戰結束，這些原本的共產主義和社會主義國家才轉向資本主義，打開經濟體系大門與西方國家往來貿易。

　　此時，許多歐美企業注意到這些前共產社會主義國家擁有非常廉價的勞動資源、物產資源，他們開始思考要把工廠從歐美遷移到這些國家，以降低整體成本。但是國與國之間的產業整合，從來不是那麼容易。

第八章
1995-2005：鐵幕倒下，網路科技打造供應鏈全球化

美軍研發科技釋出，全球進入產業分工

當時我在美國企業 FedEx Network 擔任亞太區的跨海代理商，專門處理美國與全世界各地之間的空運貨物。我近距離觀察到，歐美大型企業打算利用前社會主義國家的資源做為生產原料，運用其人民與土地建立工廠，組織跨國生產體系。擁有豐沛人力的印度與中國，以及有豐富天然資源的中南美洲及東南亞，都是歐美企業的目標。

然而，那時候通訊科技與基礎建設遠不如現在發達，跨越千里之外的溝通協作十分困難。例如：美國公司想在中國建立工廠製造汽車，光是要協調生產時程進度就極為不易，他們無法即時傳送文字、圖片，而長途電話和傳真又難以做複雜和多方的溝通。

遠距離常殺死愛情，也能使跨國生產系統缺氧。這就是為什麼歷來絕大部分的生產製造體系都是集中在小範圍地區進行，極少跨出國境。

不過談及克服遠距離的能力，過去五十年裡，沒有人比美國國防部更強了。

冷戰時期，全球都是戰場，為了對抗紅色勢力，美軍在全球各地駐兵。在歐亞都參與戰爭的美國，需要確保數十萬計的

The Death of Supply Chain Management
and the Rise of PI

各種原物料能夠運送到全世界的各個基地,以製造坦克、維修飛機、維持軍隊運作。為此美軍領先世界發展出克服遠距離的重大技術:網際網路(internet)。

我曾在國際物流協會(SOLE)工作過,這是一個與美國國防部往來密切的協會。在其中,我見證了美國軍方將網際網路技術釋出給產業界後,全世界發生的驚人改變。

技術發展提升:網路打破溝通限制,推展全球化貿易熱潮

如果你是資深的貿易工作者,一定曾經為了成交客戶而撥打昂貴的國際電話。國際通話的每一分鐘都在燒錢,卻又不得不這麼做。或是你為了簽署一份合約文件,還要跨洋寄送或親自送達,費時又耗力。

這些跨國的成本費用,在網際網路出現後,一切都不一樣了。

現在如果你想向全球各地二十位工廠廠長宣布一件事,只要寫一封電子郵件,將這二十個人加入收件對象。不到五秒鐘的時間,就能跨越上千公里的地理限制,將訊息送達他們的電子信箱。不但速度快,而且完全免費。

如此快速寄送一封信到千里外的國家,讓數十人立刻收

第八章
1995-2005：鐵幕倒下，網路科技打造供應鏈全球化

到，現在聽起來已是日常，卻徹底改造了世界產業。

過去企業總部做成會議決策後，會傳真或撥打長途電話給各地主管，但資訊經常不夠精確，資料也難以快速共享。有了網際網路後，就可以隨時傳輸文字檔案，同時讓各地主管清楚知道會議細節。

過去圖像化的資料難以清晰傳遞到遠方，寄送紙本資料是唯一可靠的作法。而有了網路之後，傳送圖片輕而易舉。位於泰國的幹部可以立刻看到加州設計師提供的新商品外觀。

在此之前，一般公司已用電腦操作 ERP/MRP 系統，管理所有生產流程與資料，但數據只會儲存在工廠的電腦裡，其他國家地區的主管很難同步最新數據。

有了網路以後，公司在各地的電腦可以相互連結，所有資料都可以匯整，具有相應權限的人都可以查詢。在紐約總部的高管面前，台北、東京、馬尼拉各廠區中任一零件的庫存都一目瞭然。

可以說是因為網路的關係，企業才有了供應鏈全球化、規模化的可能。

在產業界如火如荼摸索如何將網際網路運用於經營的那段時期，我正好在一家專門製作供應鏈軟體的公司任職，公司趕上時代風潮，參與推進全球貿易業務。那時候發生的改變，至

今我都難以忘懷。

當時我們有個客戶原本只做台灣本地生意，在建立英文網站、接觸國際市場之後，他們在極短時間內就在網路上接觸到來自歐洲、美國上百位有需求的買家。這樣的新商機幾乎為台灣創造了每年上百億美元的產值。

也因為網路發展的關係，所有歐美企業可以把工廠搬遷至亞洲、拉美或前共產主義國家，用較低的人力、土地成本製造產品，再賣到全世界。

然而，當時並不是所有人都非常積極接受新科技的便利。

群眾態度變化：從抵制數位化，到省下大量等待時間

無論什麼年代，新科技的發展初期絕對會面臨一波抗拒潮。網路時代也不例外，當時也曾有批評與質疑的聲浪：

「網際網路真的有那麼好用嗎？會不會把公司隱私和機密都洩漏出去了？」

「傳送信件免費？免費的最貴吧！網路公司會不會都把你的信件內容看光光，再賣給競爭對手？」

「將生產與經營數位化、網路化，要花大錢買電腦、系統、軟硬體，但真的能確定增加的收入足夠把這些投資賺回來嗎？」

除了上述的抗拒原因，有許多資深員工與主管熟悉舊有的

生產模式，對網路的新工作模式備感威脅。他們深怕一旦公司採用自己不熟悉的新技術與系統，他們將被年輕人取代，喪失地位與權力。因此當時每間公司採用網路的積極度有極大落差。

那些積極擁抱網路科技的公司，在打造跨國供應鏈的路上，溝通愈來愈順暢，生產協作效率更完善，銷售與獲利都更高，全面超越遲疑、不積極的公司。最終各國企業在利益得失的評估下，都慢慢接受網路化、全球貿易化的大趨勢，成為其中的一員。

三要素到位，全球貿易化必來

1995 至 2005 年間，我在美國與台灣深入參與產業供應鏈的網路化改造，清楚觀察到冷戰結束後，逐步走向全球產業分工的趨勢。

先是**國際政治經濟局勢變化**，讓過去封閉在國際產業分工外的國家敞開大門，為產業挪移打開了空間。

在此同時，**技術發展出現劃時代變遷**，網路科技在全球推展普及，並運用在產業界，讓跨越遠距離經營生產的企業能更快傳遞訊息，提高溝通效率。

當人們對變革的態度逐漸從抵抗走向接納，愈來愈多公司開始走向全球商貿、國際分工，也愈來愈多國家深度融入國際

The Death of Supply Chain Management
and the Rise of PI

分工體系。

　　過去三十年,在這三個因素的推動下,我們一次又一次看見全球供應鏈的重大發展與轉變,包含即將到來的實體互聯網也一樣。

　　但我們先不急著預告,因為供應鏈的發展在 2005 年之後,隨著全球貿易化擴散到世界每一處角落,以及網路科技應用更加廣泛之後,物流暨供應鏈管理在下一個階段,又迎來了影響重大的變遷。

第九章
2006-2015：移動通訊與電子商務，形成圍繞中國的全球供應鏈

在全球貿易化以後，富裕國家的科技、工廠、人才逐漸往發展中國家挪移，開枝散葉，讓許多發展中國家進入高速發展階段，經濟與科技能力逐步提升。

其中最引人注目的四個大國，是 2009 年被稱為「金磚四國」（BRICS）的巴西、俄羅斯、印度、中國。在當時看來，這四個國家都潛力十足，在不同層面各擅勝場。

例如：巴西有極大的農業與礦產潛力，印度擁有全球第二多的英語人口，俄羅斯擁有豐富的石油、煤炭、金屬資源，而中國則有（當時）全世界最多的人口，以及全力推動經濟發展的政府。每個國家似乎都有無限發展的前景。

然而，此刻已經知道結局的我們，回過頭看那一段時期，會知道金磚四國裡僅有一個國家充分兌現了時代紅利，符合其金磚的美譽。這個國家能兌現紅利的原因，與它完整利用最新科技，積極融入全球物流暨供應鏈管理體系有絕對關係。

The Death of Supply Chain Management
and the Rise of PI

國際政經局勢：中國全力發展工商業，吸引全世界投資設廠

2007 年，我在妹妹的推薦介紹下到中國上海工作，在 RGP（Resources Global Professionals）擔任供應鏈諮詢顧問，定居當地十年。

在那段期間，我敢說全世界的製造業若不是已經到中國設點設廠，就是正在計畫之中。而我當時的工作就是為正在建立全球生產體系的企業解決各種供應鏈的問題，甚至幫他們介紹高階經營顧問。

為了精準地媒合，我深度採訪超過六百名曾在世界知名大企業擔任過 CEO、技術長、營運長的資深高管，他們的事業背景包含了幾乎每個產業類別。因為這樣的經驗，我對各種產業在中國的經營模式、供應鏈實況，進行了完整而徹底的調研。這樣的際遇與經驗，我懷疑在全世界也獨一無二。

後來我決定創業，公司經營主軸就是幫助經營中國市場的客戶優化供應鏈。在很短的時間內，我們就爭取到包含京東、華為、聯想、富士康、可口可樂、上海電器這些大型企業。那段時間我飛遍了中國每個大城，造訪過每個中國的大企業。

在那十年間，我見證了歷史上最大規模的資金與生產基地

第九章
2006-2015：移動通訊與電子商務，形成圍繞中國的全球供應鏈

的遷移潮。中國龐大、勤奮、成本低的年輕勞動人口大量湧入各個城市，爭取改革開放下的時代機遇。而全世界的製造業公司也都競相湧入中國。

中國為了吸引外資前來投資開發，2001年加入世界貿易組織（WTO），大幅開放市場，訂定各種投資優惠措施。中國希望有更多廠商進駐投資，外企同樣想利用中國賺錢，兩者目標一致。

但是外企想要在中國經營發展，仍然遇到相當多的難關。

在行動通訊技術出現以前，企業員工之間都是透過桌上型電腦相互聯繫。歐美公司想要聯繫中國廠區員工，主要是透過發送郵件，等待對方收信後回覆。可是對方要多久後才會看到信件？

中國幅員遼闊，交通往返耗費大量時間。當人們在路上通勤，或是在工廠處理事務，很難隨時以電子郵件聯絡，緊急事件往往無法快速溝通處置。

此外，雖然中國經濟已邁入高速成長，但貧窮仍非常普遍，許多人為賺錢不擇手段，因此詐騙事件頻傳，例如：假鈔、發貨後不付款等現象比歐美嚴重得多，造成極高的交易成本和阻力。這些都影響中國開放外企投資的速度，亟需處理化解。

The Death of Supply Chain Management
and the Rise of PI

技術發展提升：智慧型手機改變整代人的消費與工作

  2007 年，影響後世的創業家賈伯斯（Steve Jobs）發表了第一代 iPhone 智慧型手機。生活在這一個世代的我們，每一天都受到這個創舉的影響。

  智慧型手機搭載電話通訊、網際網路、隨身聽、電視、文書處理器等無限功能，改變了全世界的消費與工作，其中有三項最主要的科技進步：

  隨著網路運行速度增加，手機不僅可以觀看文字訊息，還能傳送大檔案的圖片、影像，可以接收到的資訊更廣更全面。當其功能與電腦幾乎不相上下，意味著人能在任何時候接收訊息，並**即時**回覆。

  智慧型手機解放了人們**移動**中的時間。以往開車、搭高鐵的時候，生產力降至零，無法處理各種工作事務。智慧型手機出現後，移動時間也可以用以工作，隨時聯繫、傳訊、溝通、決策。

  由於智慧型手機綁定個人身分，大大加強了**可認證性**。所帶來的直接應用就是行動支付日漸普及，交易流程大幅簡化，人們可以透過手機輕鬆下單購買產品，實現無現金化。

  我在上海工作的期間，完整參與了智慧型手機帶給中國人

第九章
2006-2015：移動通訊與電子商務，形成圍繞中國的全球供應鏈

的改變。中國產業界如飢似渴地利用智慧型手機。 2011 年，當全中國智慧型手機滲透率為 16.6% 時，產業界中層階級以上擁有智慧型手機的比例已經接近百分之百。到了 2015 年，全中國智慧型手機滲透率攀升至 43.1% 時，我在北上廣深，乃至二線、省會城市，已經遇不到沒有智慧型手機的產業界人士了。[3]

尤其是微信出現後，幾乎整合網路上所有與通訊相關的功能，徹底改變中國人做生意的方式。所有中國人的手機裡都會安裝微信，從個人社交、消費到工作都可用微信完成。我參與的每個專案，第一件事就是和相關人員建立微信群組，以便傳遞資訊、檔案、溝通案件的所有細節。

有了智慧型手機以後，中國人日常支付款項時也幾乎都用微信支付。如下圖統計資料指出，2016 至 2020 年間，中國行動支付的市場規模，每年都以至少 10% 的速度成長。

在那些年裡，我清楚看到智慧通訊的科技進步化解了外企到中國投資的阻力，甚至進而改變了中國與世界的產業結構與命運。

---

3. 資料來源：Statista。頁面：China: smartphone penetration rate 2015 | Statista

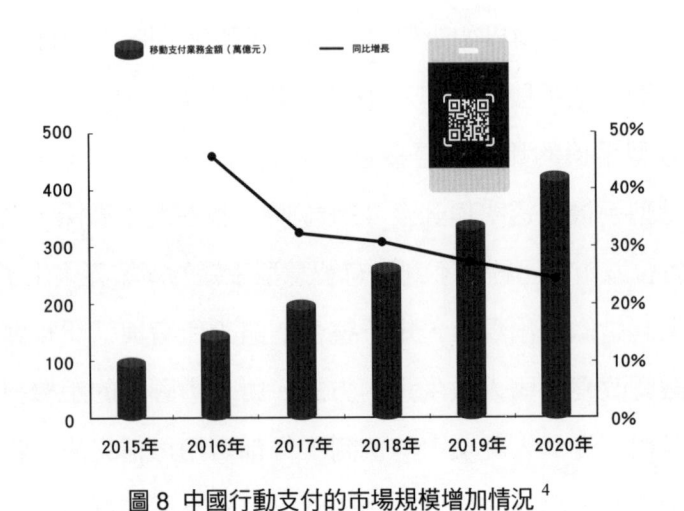

The Death of Supply Chain Management
and the Rise of PI

圖 8 中國行動支付的市場規模增加情況 [4]

智慧型手機與移動通訊，促使中國成為世界工廠

賈伯斯在 iPhone 1 的發表會上，一定沒有料到智慧型手機科技的進步，以及其帶來的即時、移動、可認證特性，對中國與全球貿易體系帶來如此全面的影響。

智慧型手機帶來的即時特性，讓身在中國的人可以即時傳送文字、圖片、影片訊息到全國、全世界。巴黎設計師對福州衣飾工廠的剪裁有意見，可以立刻開啟視訊溝通加示範。原本生活在農村的人，透過手機可以隨時聯繫家鄉的父母兒女，因

---

4. 出處：三個皮匠報告，「中國移动支付規模有多大？移动支付的发展历程一览」，頁面：https://www.sgpjbg.com/info/35050.html 。

第九章
2006-2015：移動通訊與電子商務，形成圍繞中國的全球供應鏈

而更願意入城工作。無論是勞工或是訂單，也就更順利地向中國的工廠湧入。

過往人們需要在電腦前才能回應訊息、處理事務、下單購買。由於智慧型手機普及，上述這一切都能在移動之間完成。在公路上可以打電話，在工廠裡可以收郵件，在高鐵上可以訂購商品。產業運作彷彿軸承上了滾珠，飛快轉動。

在這段期間，中國產業界也大幅提高交易安全性，讓各種造假、詐欺大為減低。例如：一般民眾日常使用的**支付寶、微信支付**，安全性高，讓民眾不再需要攜帶現金就能迅速付款，不必找零，不再有拿到假鈔的風險。

「阿里巴巴」是服務外國向中國廠商購買工業產品的第三方交易平台，為外國企業採購中國產品時提供**翻譯**協助與可靠資訊，並且等到買賣雙方都確認完成交易的情況下才交割費用，大大降低國際貿易風險。這些都大幅化解了中國進入世界產業系統的困難與阻礙。

隨著智慧型手機成為中國產業界人士人人必備的溝通工具，隨著移動通訊隨時隨地將中國工廠與世界產業緊密相連，中國各大城市逐漸成為全球製造業的重鎮，是推動全球經濟向前奔馳的引擎。

在中國任職期間，我有幸受邀加入多個商界領袖組成的微

The Death of Supply Chain Management
and the Rise of PI

信群。參與這樣的微信群,意味著我隨時可以與各種產業資深大老交流,可能徵集天南地北各省的資源合作,或是爭取掌管數千億資金的高階人士參考我的計畫。

在移動通訊的加持下,中國產業界協調整合的速度進展飛快,不斷提升生產速度以滿足全世界的需求,向全世界的訂單、資金、企業、工廠投射巨大吸引力。

雖然國際政經局勢與科技發展變化在在助益中國的產業發展,但中國吸納全世界的產業鏈仍然並非一帆風順、人人歡迎。原因在於:任何轉變都有人受到損失,而人的心態需要時間轉變。

群眾態度變化:人們從抗拒中國,到接受與歡迎

中國逐步成為「世界工廠」後發展日益興盛,外國企業紛紛到中國設廠,導致歐美民眾開始憂慮本國經濟及失業問題。例如:美國五大湖旁的汽車產業鏈移出,淪為「鏽帶」(rust belt),工作機會流失、被中國搶飯碗總是歐美選舉中被熱炒的話題。許多學者和知識份子也對於中國政府的共產主義性質感到疑慮。

然而,在這段期間進入中國投資的歐美日韓企業都賺了大錢,中國輸出價廉物美的產品提升了全世界人民的生活品質,

第九章
2006-2015：移動通訊與電子商務，形成圍繞中國的全球供應鏈

可謂全人類都分享中國成為世界工廠的紅利。

因中國崛起而失業、受損失的人並非不存在，但與受益的人相較仍是非常少數。歐美雖然工廠減少，但服務業與知識導向的工作逐漸增多，成為主流就業方向，空氣和河流還變得更乾淨了。

隨著時間推移，質疑和反對製造業湧向中國的聲音逐漸式微。中國在世界經濟中的分工與地位逐漸穩固，全球產業與群眾都開始默認、接受，甚至擁抱這個時代轉變。

2010年，中國的GDP指數超越日本，成為僅次於歐盟與美國的世界第三大經濟體，一舉超越其他的金磚三國。從下圖中國歷年的進出口額及港口貨櫃吞吐量，可以看出中國強勁的成長動能。

在那幾年間，歐美各大公司董事會必定會熱烈討論「中國發展方案」，深怕落後其他競爭對手；全球企業最主要的發展重心，就是圍繞中國建構供應鏈。

當時的中國贏得了「世界工廠」的稱號，絕對名不虛傳。在許多特定領域，全球產量的大半都來自中國，甚至是中國某個城市周遭的產業集群。例如：深圳經濟特區是高科技及電子產品產業的重要基地，製造全世界絕大多數的手機、電腦及配件。而東莞則是全球消費性電子、服裝生產製造的半壁江山。

歷年中國服務進出口統計

金額單位：億元人民幣

時間	中國進出口額 金額	同比 (%)	中國出口額 金額	同比 (%)	中國進口額 金額	同比 (%)	差額
2023 年	65754	10.0	26857	-5.8	38898	24.4	-12041
2022 年	59802	12.9	28522	12.1	31279	13.5	-2757
2021 年	52983	16.1	25435	31.4	27548	4.8	-2113
2020 年	45643	-15.7	19357	-1.1	26286	-24.0	-6929
2019 年	54153	2.8	19564	8.9	34589	-0.4	-15025
2018 年	52402	11.5	17658	14.6	34744	10.0	-17086
2017 年	46991	6.9	15407	10.7	31584	5.2	-16177
2016 年	43947	7.9	13918	2.2	30030	10.7	-16112
2015 年	40745	1.7	13617	1.2	27127	2.0	-13510
2014 年	40053	18.4	13461	3.4	26591	27.9	-13130

表 4 中國歷年進出口總額[5]

---

5. 出處：中華人民共和國商務部商務數據中心，「历年中国服务进出口统计」，頁面：https://data.mofcom.gov.cn/fwmy/overtheyears.shtml。

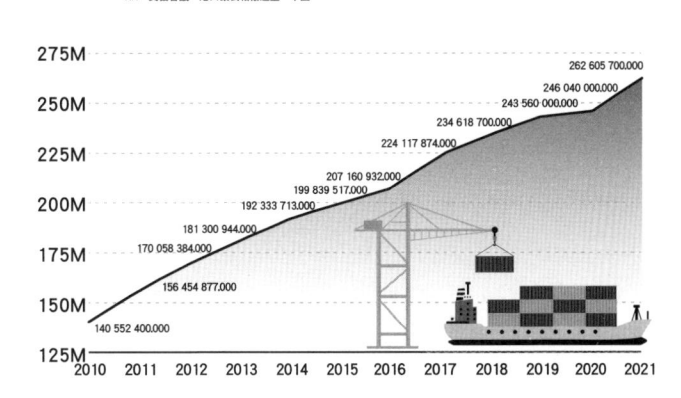

第九章
2006-2015：移動通訊與電子商務，形成圍繞中國的全球供應鏈

圖9 中國 2008-2021 年貨櫃港口吞吐量[6]

蘇州的電子與機械製造、上海的汽車與鋼鐵產業、天津的航空與金屬加工產業、浙江義烏的輕工業小商品產業⋯⋯不但推動了中國的富裕，也支撐全球的蓬勃經濟。

當時台灣的產業發展策略也是：**台灣接單、中國生產、世界行銷**。許多台灣人才湧入中國擔任「台幹」、「台商」，在中國大江南北施展抱負。

技術演變驅動商業，決定供應鏈發展大潮流

2005 至 2016 這段期間，先是中國大力採取自由開放策略，

---

6. 出處：Ceicdata，「中国集装箱港口吞吐量 2008-2022 年」，頁面：https://www.ceicdata.com/zh-hans/indicator/china/container-port-throughput。

The Death of Supply Chain Management
and the Rise of PI

打造友善經商的**政治與經濟局勢**,向全球注入低廉勞動力,吸引外國企業投資設廠。

圍繞智慧型手機建構的**移動通訊科技**在此期間高速發展,更為全世界企業到中國投資減低了障礙。手機的即時通訊、行動支付技術,也讓遠距離協作更為容易。

雖然人們起初有所疑慮與抗拒,但隨著發展果實為各國分享,**群眾態度**逐漸轉變。以中國為生產中心打造的供應鏈體系,源源不絕創造富裕,已經成為不能打破的常態。

在國際局勢、技術發展、群眾態度的轉變下,全世界各國將生產基地移至中國。中國由北至南,環渤海、珠三角、長三角……各具特色的產業集群促進了區域經濟的爆炸式成長。

我在中國工作的十年,完整見證了中國崛起的過程。就如同前一個十年所發生的巨大變遷,供應鏈發展與轉變的背後有同樣因素在起作用。我們現在也可以預見,同樣的作用未來也將指引實體互聯網的發展趨勢。

然而,正當中國氣勢如虹,全球供應鏈一片欣欣向榮之際,發生了讓所有人意想不到的轉折。

第十章
2016-2024：天災人禍及科技憂患，
　　　　供應鏈顛跛失速

　　我在中國上海的事業顛峰期間，擔任美國上市公司曼哈頓軟體（Manhattan Associates, Inc.）大中華區總裁。當時住的新房位於上海新天地，是全上海，乃至全中國最昂貴奢華的地段。

　　就在此時，我第二個孩子出生，被診斷重度聽損，要在台灣才能得到最好的醫療與輔助。於是我在 2016 年離開中國，回到台灣照顧兒女，並擔任多間大企業的供應鏈顧問。

　　我同時在母校美國喬治亞理工學院任職，負責學院與亞太區供應鏈相關的合作與連結——喬治亞理工學院也是實體互聯網的研發重鎮；二十多年來，本校的 Benoit Montreuil 教授孜孜不倦地領導此主題的探索。Benoit Montreuil 教授是我的師長也是摯友，多年來無論我在哪裡，我們在供應鏈上的交流合作關係始終如一。

　　過去八年，世界供應鏈體系發生了重大改變，深深影響每個產業，以及每一個人。

The Death of Supply Chain Management
and the Rise of PI

國際政經局勢：地球不再平坦，國界壘起高牆

1990 至 2010 年代，中國和歐美各國合作漸深，共同打造出有史以來最大的全球供應鏈體系，而中國是其中最重要的生產引擎。然而，從 2016 年開始，這個體系逐漸動搖。

中國成為世界工廠以後，對世界的影響力與經濟能力不斷上升，成為僅次於美國的世界第二大經濟體。隨著其經濟實力、產業地位提升，中國領導人在國際秩序與事務上逐漸展現強勢立場。

歐美企業在和中國廠商合作的過程中，看見中國廠商對專利授權的不重視，竊取與盜用風氣興盛，使歐美企業流失許多智慧財產權及技術，造成企業大量損失。凡此種種讓歐美企業對中國發出抗議，西方政府也重新審視和中國的合作關係。

經連年抗議無果後，2018 年美國總統川普開啟貿易反擊，對中國出口產品課徵高額關稅。面對美國的制裁，中國也不甘示弱，雙方關係逐漸從合作走向防範與對抗。但此時，大量西方企業已在中國設廠經營，雙方產業鏈強大緊密，無人預見這個情況可能在短時間內改變。

出乎所有人意料，2021 年 COVID-19 疫情爆發，全球都淪為疫區，國與國之間的貿易與往來驟然凍停，許多以出口導向

第十章
2016-2024：天災人禍及科技憂患，供應鏈顛跛失速

的國家受傷極深。

疫情期間，中國為了防堵疫情擴散，在全國各地區實施嚴格的隔離政策，導致工廠停工、生產中斷，直接影響全世界供應鏈的正常運作。在中國設廠或是仰賴中國供應原物料的西方企業受到極大影響，虧損連連。

這一舉動讓仍留在中國的西方廠商意識到問題的嚴重性，再加上這些年來愈演愈烈的中美貿易戰，於是他們紛紛嚴肅反省在中國的投資策略。

此時，更糟糕的事情發生了：2022年烏俄戰爭爆發，美國、歐盟等國家共同宣布對俄羅斯展開全面經濟制裁，全面切斷貿易關係，甚至明確指出，任何國家只要協助俄羅斯的戰事，也將納入制裁範圍。

面對這樣的態勢，中國政府雖然未曾表明立場，但各種跡象都顯示，中俄極有可能結盟；許多情報指出，中國暗中一直以直接或間接的方式援助俄羅斯。也就是說，中國正處於受到西方經濟制裁的邊緣。如果這個情況真的發生，對於與中國貿易往來密切、供應鏈相互串連的企業，將是極為沉重的打擊。這樣的情勢讓歐美企業感到恐懼，紛紛討論以「友岸外包」[7]原

---

7. 意指將業務流程或生產環節外包給遵守相同基本商務與法律原則，且地緣政治風險相對較低的國家或地區。

則，取代過去一味追尋低成本的思路。

除了中國與西方國家的政治角力，還有其他因素也開始撼動過去二十年打造起來的全球供應鏈架構。

近年來科學界已證明了氣候正在發生劇烈變化，造成難以估量的危害與損失。而產業界也意識到，動輒飛天跨洋的貨物長途運輸，排放大量溫室氣體，是造成全球氣候變遷的元凶之一。

氣候與政治環境的變遷也使過去連結歐、美、亞各大洲的重要航道頻繁受阻，或是不再可靠。例如：因為缺乏降雨，巴拿馬運河水位降低，使貨運量大為減低。而中東地區的局勢動盪、戰爭頻繁，使得蘇伊士運河隨時面臨斷航風險，這些因素都加劇全球供應鏈的不確定性。

環境與國際形勢的變化迫使大量企業依據「近岸外包」[8]原則，重新打造其供應鏈。從過往歷史看來，2016 年以前，技術的發展使世界各國的聯繫更便利，進而提升信任，讓商貿協作緊密。在 2016 年嚴峻的國際政經環境下，科技發展是否能消減國際社會崩解的趨勢？

---

8. 意指將業務流程外包給鄰近或同一地區的國家，以減少運輸風險、成本，以及造成的環境衝擊。

第十章
2016-2024：天災人禍及科技憂患，供應鏈顛跛失速

技術發展提升：大數據與資料時代，人們重建高牆

　　過去八年的發展讓科技從數位化走向「智慧化」——立足於愈來愈大量的資料與算力，科技不但可以服務社會，也有可能反過來傷害人類。

　　舉例而言，利用算力挖掘資料（Data Mining）可以找出服務市場的資訊，甚至可以用資料訓練人工智慧模型，讓 AI 成為人們工作與生活的同伴。

　　但同時如果取得了足夠的資料，也可以用算力挖掘個人隱私，以威脅特定人士；也可能以人工智慧合成影像與聲音，創造假影片，散布假情資，動搖國家安全。

　　在這八年間，世界供應鏈從充滿信任的大拆牆時代，走向充滿疑慮的大建牆階段——已經走入歷史的柏林圍牆，卻出現投射於未來的殘影。

　　過去二十年來，中國成為世界工廠，或為美國工業的生產基地，意味著美國大量的關鍵設備是在中國生產，甚至可能是從中國企業買入。在中美兩國關係良好，還存在一定互信時，這樣的模式並不構成問題。但當雙方關係交惡，美國便開始感到危殆不安。

　　美國國安單位指出，產自中國的通訊設備、監視設備、網

The Death of Supply Chain Management
and the Rise of PI

路基礎設施都可能暗藏後門。在特定情況下,可能將竊取到的數據傳輸回中國,洩漏個人隱私或國家機密。他們也擔心,在中美對抗的關鍵時刻,中方的網路作戰部門可能透過遠程訪問這些設備,造成基礎設施(例如:電車、水庫、電力系統)癱瘓,甚至啟動損傷人民的功能(例如:水庫洩洪、電車相撞)。

在最不暗黑的推演中,中國只要阻斷各種零組件、電子與機器設備向歐美的出口,就足以使歐美的產業、社會運作徹底停擺。

無論稱之為友岸外包、去風險,還是脫鉤,實質意義幾乎相同:在歐美與中國的衝突徹底結束前,在確保中國會依照國際規則行動之前,歐美需要大幅減少其供應鏈對中國的依賴。

這個結論讓過去二十餘年來產業界的主旋律戛然而止。一開始,無論是產業界或是主流社會,都抱持反對與憂慮。

新局勢下,群眾態度由憂慮轉向信心

過去二十餘年,歐美依靠中國廉價生產力,實現低通膨與高所得。而在此同時,中國將生產力轉化成產品,輸出歐美賺取大量外匯,在三十年內實現經濟實力的崛起。

此局勢一旦被打破,在兩邊的社會都引發憂慮。

歐美社會對通膨與物價上升憂心忡忡。事實上,從 2022 年

第十章
2016-2024：天災人禍及科技憂患，供應鏈顛跛失速

起，美國就深陷通膨之苦，導致美國聯準會實施了過去四十年來最大程度的升息。

長期依賴中國供應鏈，甚至在中國境內進行大量投資建廠的歐美產業都叫苦不迭。由於過去二十餘年的努力，中國已經成為當前產業配套措施最完整的國家。離開中國，在其他國家另建生產基地，代表要付出極高的成本、不確定性，以及短期的損失。

因應產業界的困境，歐美日韓先後推出供應鏈補貼政策，鼓勵企業將生產基地移往印度、東歐，以及中南美洲，降低對中國的依賴，以分散風險。

歐美企業也開始大量使用最新科技建立新工廠，例如：機器人與人工智慧，以大幅度減少對重複性工作的人力需求，逐漸擺脫對中國廉價勞力的依賴。

在我寫這本書的當下，歐美日韓等國家大致上已經度過了供應鏈改造的陣痛期。隨著無人工廠在歐美本地設立，或移至印度、東南亞、東歐與墨西哥，歐美企業發現成本上升仍在可控制的範圍，甚至達到增加本國人口就業率的良好結果。運用科技，讓歐美國家對這波供應鏈變遷從憂慮轉向自信。

相似的變化，也發生在中國。

過去兩三年，外企在中國投資大幅下滑，對中國企業的訂

149

The Death of Supply Chain Management
and the Rise of PI

單也大減,尤其是資通訊相關產品。這些變化難免反映在中國的經濟成長、就業機會等方面。雖然中國政府並不鼓勵民眾討論總體經濟話題,但民間的怨言仍然相當明顯。

在此變局中,中國政府漸次採取策略,在變動中穩定經濟局勢。在國際上,中國積極透過一帶一路的策略,和中亞、中東、非洲、東南亞等國家加深商貿合作,以填補歐美外貿的失血。而在國內,中國開始強調「內循環」、「新質生產力」等概念,力求打造新的經濟增長點。

事實上,中國並未停止或斷絕對歐美銷售貨物。中國仍透過直播帶貨、短影音的新型商業模式,直接向全世界的消費者爭取訂單。例如:SHEIN、Temu 等平台上,中國企業有極為亮眼的表現,直接向中國廠商下訂,用小包裝寄給終端消費者的包裹數以億計。

在這波變局中,顯然有人損失、有人賺錢。我相信在不久的未來,中國也將找到這場變化後的新平衡。

供應鏈發展史告訴我們的事

在長達三十多年的職涯中,我見證了一次又一次物流暨供應鏈管理發生巨大變革。

1995 至 2005 年時值冷戰結束,前共產國家、社會主義陣營

第十章
2016-2024：天災人禍及科技憂患，供應鏈顛跛失速

加入世界產業分工體系。而此時適逢網路科技快速發展，訊息傳遞速度更快，使跨國設廠遠距協同成為可能。人們從一開始反對變革，到後來看到真實的經濟利益也逐漸接受，進而迎接這場轉變。

先是國際局勢、技術發展引領變化，隨後群眾態度跟上，供應鏈的變遷就水到渠成。

2006 至 2016 年中國採取徹底的改革開放政策，吸引歐美外企投資，運用其廉價勞動力。而此時適逢智慧型手機科技快速發展，各種交流連結衝刺式加速，讓中國成為名副其實的「世界工廠」。人們也從起初疑慮、反對，後來嚐到富裕的實惠，最終改變心態，一同促成圍繞著中國打造的全球供應鏈。

同樣先是國際局勢、技術發展引領變化，隨後群眾態度跟上，供應鏈的變遷就水到渠成。

2016 至 2023 年，先是智慧財產權盜竊爭議，後有全球疫情與俄烏戰爭，西方國家意識到依賴中國的生產體系將成為其致命弱點。這段期間的科技發展趨勢既加深了這樣的疑慮，又同時給予雙方解決方案。歐美與中國已結束供應鏈緊密合作的時代。雙方的國民也從驚訝疑慮，逐漸轉向接受。

再次，先是國際局勢、技術發展引領變化，隨後群眾態度跟上，供應鏈的變遷就水到渠成。

The Death of Supply Chain Management
and the Rise of PI

　　鑑往知來，回顧供應鏈發展與變遷的歷史，是為了前瞻與估測未來。

　　基於同樣的原因與理路，我可以很明確斷言，接下來物流暨供應鏈管理的發展重點，就是實體互聯網。促成實體互聯網發展的國際政經局勢原因，我們在第一部已經說明；而它的科技基礎已經完備，這件事我將在接下來的三章完整說明。

　　相信這本書將會改變讀者們的態度與觀念，從憂慮質疑轉向迎接契機。

第十一章
走向實體互聯網時代：優化容器、運具與倉庫，打造高效硬體系統

　　實體互聯網聽來像是一個嶄新的名詞，彷彿在遙遠的未來才能實現。然而，它所需要的科學技術已經發展成熟。或許在你的企業裡，早已採用部分與實體互聯網概念相似的作法。當你知道實體互聯網的整體架構，你可以選擇其中最適合快速實踐的局部優先實施，每走一步，都能夠快速為你的企業帶來獲益。

　　實體互聯網如何達成？讓我們先從最具體的開始說，也就是「硬體」。

　　走向實體互聯網需要改造的硬體方方面面，大抵上可以分三類來討論：**容器、運具、倉庫**。接下來的說明你將看得很清楚：實體互聯網在硬體方面所需要的科技已經相當成熟，現在就能開始運用。

硬體容器設計：標準化、可重複、智慧化

　　想必你有網路購物的經驗，是否每次收到的貨品都包裹在大大小小的紙箱裡？那就是我們討論的容器，也是走向實體互

The Death of Supply Chain Management
and the Rise of PI

聯網的第一步。

我們應該都很熟悉這樣的場景：收到包裹，開心地拆封並取得商品後，那些紙箱怎麼辦？幾乎只能直接丟掉，相當浪費。

一般的紙箱對消費者而言是浪費，對業者更是如此。

這些紙箱容器的大小不一，形狀顏色也不同，並無標準化；在貨倉中擺放堆疊的時候無法相互密合，造成空間的浪費；使用壽命很短，往往用一次就丟棄，不可重複利用，頂多再加工處理成包材或板材，造成材質的浪費。

最後，目前的容器並沒有安裝任何智慧感測裝置，如果在運送中途不慎弄丟，不會有人知道它掉落在哪裡。

依據美國喬治亞理工學院 Benoit Montreuil 教授，以及歐洲、美國等實體互聯網組織多年的研究與實踐，他們認為要走向實體互聯網，在容器方面必須做出三項調整：

第一，**容器設計標準化**，將目前成千上萬種尺寸的容器，化簡成少數可通用、易緊密堆疊的尺寸規格。根據研究，僅需要九種標準化規格的容器，就能處理 90% 的貨物。

第二，在標準化的前提下，**讓容器達成可重複使用**，也就是以耐用的材質製造容器，使其不易損壞，可重複使用數百、數千次。

第三，**讓容器智慧化**，也就是在所有容器上加裝感測設

備，系統將可以隨時自動監控容器位置。

而要達成容器標準化、可重複使用、智慧化條件的技術，早已存在及成熟了，甚至在物流暨供應鏈管理中已經有運用多年的實體案例，可以提供借鏡。

實體互聯網容器的典範：貨櫃

1956 年，貨櫃首次被運用於商業海運，層層堆疊的運載方式大幅增加效率，徹底改變海運的運輸方式。時至今日，貨櫃仍然是海運最主要的容器。而貨櫃的特性幾乎就是實體互聯網所認定容器的絕佳典範：**標準化、可重複、智慧化**。

全球的貨櫃有四個標準尺寸與規格：二十呎貨櫃、四十呎貨櫃、四十呎高櫃、四十五呎高櫃；前三者大約占所有貨櫃的 95%。有了標準規格，讓貨輪在堆疊貨櫃的時候非常安全、高效，完全不浪費空間；也讓全世界的碼頭、港口可以非常便利地利用懸臂起重機搬運貨櫃。

規格標準化同時讓貨櫃達成全球通用，而且在陸運與船運等不同運輸模式之間達成無縫接軌，滑順切換。

貨櫃非常堅固，一般而言，如果是正常使用，可重複使用十到十五年，也就是數百次的運輸，大大降低運輸成本。

貨櫃也有追蹤設備，貨主能夠隨時知道貨櫃當前的位置。

The Death of Supply Chain Management
and the Rise of PI

貨櫃也可以裝設感測器，隨時監控貨櫃內的溫度、濕度，全盤掌握運輸情況。

貨櫃可以說是具備實體互聯網性質的經典容器，也為硬體標準化提供絕佳範例；從 1956 年開始運用於商業海運，不到幾十年便已經非常普及。我們甚至可以說，在發展實體互聯網這個概念之前，其基礎科技就已經存在。現在我們可以看到更多相似的例子。

增加棧板通用性，走向實體互聯網

棧板是倉庫儲存、貨運運輸時，用來裝卸貨物的容器，經常運用於倉庫及物流車中。棧板的功能是可以方便貨物的堆疊，也因為有穩固的支撐，能減少貨物運輸過程造成的損壞。至今，大多數棧板都還和五十年前一樣。

目前國際標準化組織（ISO）制定了六種棧板尺寸，但材質可能是木頭、塑膠、金屬、紙張和再生材料等不同種類，導致不同的成本與適用情境。

如果棧板材質的剛性不夠（像是木質棧板），搬運時會容易因碰撞磨擦而受損、掉落木屑，無法適用於精密度高的自動化倉庫。不同公司運送貨物使用棧板時，經常需要重新「換板」、「翻板」，耗時又費力。目前棧板也全無智慧化。

為了改進棧板的缺點，台灣已經有棧板廠商正在著手製作新型棧板，包含三項主要的改進：

第一，對棧板進行進一步的**標準化**，讓在外使用的棧板（流轉板）也能當作庫內板（自動化倉庫使用）。當標準化棧板成為企業共識後，未來企業在送貨時就不需要翻板流程，大幅減少時間浪費，也避免貨物的碰撞。

第二，採用高剛性、耐衝擊力的材質製作棧板，確保一般的磨擦與碰撞也不會造成損壞，讓棧板**可重複使用**，以減少浪費，節省成本。

第三，在棧板上加入感測設備，可以隨時追蹤棧板的位置，實現**智慧化**，交由系統自動化管理，減少人工成本。

當棧板經歷標準化、可重複、智慧化的改造後，將可大幅減少更換棧板的人力成本，也減少棧板的損壞浪費，增加棧板的通用性，即可成為實體互聯網的一環。

可以預期，改善棧板這種容器能夠大幅降低企業成本。而目前科技在硬體改造上，甚至還可以走得更遠。

運具與倉庫：標準化櫃位、數位化控管

打造實體互聯網，在硬體方面除了容器，運具與倉庫也需要改造。但不必擔心，需要的科技已然成熟！

The Death of Supply Chain Management
and the Rise of PI

火車、貨船、飛機、物流車等都是載送貨物的常見運具。而實踐實體互聯網，運具將走向系統導航與自動駕駛，動力來源將改為電能或氫能。尤其近期已經發展出固化氫氣技術，讓氫能不但經濟高效，而且更加安全。

在倉庫部分，走向實體互聯網，可以採用機器人進行裝卸及搬運，全程使用電腦控制運輸路線，大幅降低對人工的依賴，並且機器全年無休，可以讓效益最大化。在機場、港口旁邊的倉儲園區，可以設計封閉式的貨車專用道路，減低交通複雜度，增加安全性。

運具與倉庫的改造都包括依標準化容器裝設櫃位，確保容器可以精準放置，並準確追蹤位置；兩者的倉門也需要裝置貨物進出感應器，在裝貨、卸貨過程中，確保貨物位置得以追蹤確認。

如你所見，上述這些科技都已經成熟，隨時可以應用於運具與倉庫。

改造硬體的技術早已成熟可用

上述的各種改造項目，所需要的科技毋須長期等待，實際上我們早已具備。

讓貨物容器標準化、可重複、智慧化，技術上一點也不困

第十一章
走向實體互聯網時代：優化容器、運具與倉庫，打造高效硬體系統

難。

讓運具走向自駕，以電能或氫能取代汽油，已可大規模普及應用。

在貨倉門口加裝智慧感應裝置也是現在即可實行，相關的物聯網技術早已遍地開花。

硬體所需的所有條件，無論是材質、數位科技，都已經具備，甚至有實際案例可循。

此外，容器、運具、倉庫的改造並非得要全部齊備才能發生效益，只需部分實現，馬上就可以為企業減少成本，增加利潤。

例如：只要容器採用可重複材質，就可以大量減少一次性紙箱的浪費；只要進行容器標準化，就能增加堆疊貨物的效率；只要在倉庫裡加裝智慧感測器，就能快速掌握倉庫裡容器的數量、位置，節省人工盤查時間。

在硬體走向實體互聯網的同時，要讓貨物儲放、運送的資訊一目瞭然，進行最有效率的物流，會需要一個資訊運算與處理的系統平台。這將是下一章的重點。

The Death of Supply Chain Management
and the Rise of PI

第十二章
走向實體互聯網時代：建立數位平台，最優化所有運送規畫

　　硬體改造後的下一步，是讓所有貨物運輸與配送更有效率。當前的運作流程包含容器擺放、物流車的貨物裝卸、倉庫貨品管理，仍多半仰賴人工決定與執行，勢必效率低下。

　　走向實體互聯網，需要由數位系統規畫所有的配送任務。

　　如果你身處物流暨供應鏈管理業界，一定會心想：「不是每家公司都已經有一套類似的數位平台嗎？」沒錯！但是現今每家公司的系統之間相互隔絕，互不配合協作。

　　實體互聯網的底層邏輯就是協作——所有公司像是同一家公司一樣協作，以達到最佳運作效率。想要讓效率最大化，許多企業必須將其物流業務放在同一個數位平台上，運用所有的運具、倉庫，完成所有貨物的配送。

　　這樣的數位平台如何建立？如何運作？已經做得到嗎？請讓我詳細說明。

第十二章
走向實體互聯網時代：建立數位平台，最優化所有運送規畫

數位孿生，硬體的數位鏡像

在上一個章節中，我們談到走向實體互聯網，運輸容器需要進行標準化、可重複、智慧化的改造，也談到運具與倉庫的數位化。

當硬體經過這樣的改造，勢必隨時有以下三種類別的明確數據可以提供給系統：

一、**貨物數據**，包含長寬高、當前的位置、從哪裡來、要運到哪裡去，以及貨物狀態。

二、**櫃位數據**，也就是倉庫與運具中，各貨架上每個櫃位的長寬高、櫃位是否有放置物品、放置什麼物品。

三、**運具數據**，包含目前位置、何時出發、何時到站、到站地點。

當系統取得上述資訊後，會在數位世界裡為每個實體互聯網中的實體打造一個虛擬鏡像。這個數位世界中的物件，它的每個數據都反映真實世界的現況與變化；當現實世界的硬體狀態發生改變時，數位平台上的數據也會同步變化。這套技術稱之為：**數位孿生**。

想像一下：當實體世界的貨車裝滿貨物開進倉庫時，數位平台也會同步顯示車輛路徑，還包含載了哪些貨物、進到哪

一座倉庫；當物流車卸貨時，機器人整理貨物放入櫃位的那一刻，系統中的數位孿生也在同一秒改變狀態，同步放入虛擬櫃位。

這套數位孿生技術可以精準映射和同步實體世界中每個物理物件的現況和動態，是實現自動化管理的關鍵一步。

有了這套數位平台，系統就能透過真實世界取得的即時數據，做出最精準的分析與決策。而這套打造數位孿生的技術架構，就像各大賣場的結帳區——每個商品在掃描條碼之後，就從「庫存區」轉到「已售出」。這套數位平台的數位孿生只是把商品換成包裹，並且將運具、貨架、倉庫都納入範圍，底層的技術都一樣，是現今已經完全成熟、廣為應用的技術。

隨時收集車體資訊，做出最佳運輸決策

在基於數位孿生的數位平台上，除了蒐集容器、倉庫的數據，還需要針對移動中的運具隨時蒐集五類數據，才能進行物流運輸的安排與分析。為了容易說明理解，且讓我們先以車輛舉例：

首先是掌握物流**車輛的具體位置**，這項數據是 GPS 或各種地圖應用軟體都可以隨時提供的。

第二是**車輛運作狀態**的數據，反應車輛的安全狀況，包含

引擎轉速、油溫、煞車等。當偵測出數據異常，數位平台會安排車輛做維護或更換，減少因車輛故障導致的運輸延誤，或是更大的損失。

第三是**車外數據**，包含路人、人行道、紅綠燈、鄰近車輛等數據，涵蓋任何跟車輛產生交互行為的訊息，有助於掌握交通狀態。

第四是**環境資訊**，包含戶外天氣、道路施工、交通壅塞程度，有助於行車路線的安排規畫。

數位平台掌握運具實體最即時的資料，能大幅提升分析與決策的準確性，如果有足夠數據可以訓練系統的人工智慧，將能偵測關鍵資訊，提早發現潛在危機，提前排除問題。

在當前的物流網時代，感測設備幾乎能即時接收、記錄任何狀態資訊，包含溫度、濕度、速度、顏色、人體特定行為（搖晃、跌倒），而高達 5G 的網路速度也能即時傳遞這些狀態資訊，因此在技術方面完全不是問題。

數位平台通盤運算，全局決策最佳化

在取得容器、車輛、倉庫的即時數據，並建立一套基於數位孿生的數位平台後，就能針對物流暨供應鏈管理做出相對應的決策。

The Death of Supply Chain Management
and the Rise of PI

具體要做哪些決策？

在貨位管理方面，數位平台的決策包括貨物要放置在哪一個櫃位？要從哪個櫃位開始取貨？上架的順序如何？安排哪些貨物出貨？由數位平台自動做決策，將可快速算出最佳化的路徑選擇。

在車輛分配方面，數位平台的決策包括某輛車要載運哪些貨物？運輸路線如何安排？以及要開往哪些中轉站交接貨物？數位平台可以自動安排物流車的路線，甚至銜接自動駕駛、機器人卸貨，有助大幅減少人工需求，並且運作更精準。

在倉庫方面，數位平台的決策包括物流車要在哪一座倉庫卸貨？貨物入庫流程如何安排？存放在倉庫哪一個櫃位？數位平台甚至可以自動運行一座無人倉庫，無論裝卸、存取貨物，都能透過自動化系統進行。

數位平台決策分析的目標，是達到成本最低、效率最高，並且能最大程度減少耗能與碳排，並讓整體運送所耗費的時間最短。

隨著 AI 技術的發展，未來十年間，電力消耗將大幅增加。因此需要以更精準的方式調配能源的使用與供應，以確保物流運作得以無縫銜接。

除了可以運用快速崛起中的綠電與氫能源，分散式運算技

術也能提供最優化的決策,協助物流管理者判斷各環節的電力配置,選擇最適合的儲能方式。

例如:運具每次遇到「充電」與「換電」的選擇時,AI將自動判斷效率最高與最具經濟效益的選項;整體而言,數位平台將能制定全面且具有戰略意義的能源管理計畫。

分配利益也是數位平台的主要功能之一。在擁有完整的運作數據下,數位平台計算物流暨供應鏈管理中每個貢獻者的具體付出,進而分配相對應的報酬。利益分配不但更公平、更精準,還能自動化運行。

目前多個企業運用的供應鏈管理系統已能集成物聯網(IoT)、大數據分析、人工智慧、機器學習及數位孿生技術,在企業內部實現上述目標;只要進行跨企業邊界的整合,就能達成實體互聯網階段的需求。

採用分散式運算,在每個節點達成最優化

熟悉資訊系統的專家一定會發現這套系統的運算複雜度極高,如果全台灣的物流暨供應鏈管理都是由同一個系統運算規畫,一旦因系統出錯或受到攻擊而當機,是否會使全台灣的物流癱瘓?你的考量沒錯。

若數位平台採用集中式運算,就會有負荷度過大的問題。

The Death of Supply Chain Management
and the Rise of PI

因此實體互聯網領域的專家已有大致的共識：數位平台應該採用分散式運算架構。

這意味著各個重要節點（包含倉庫、物流中心）都有運算伺服器，可以在遠端，也可以是本地端服務器。每個節點伺服器的功能只負責運算「該節點」的物流暨供應鏈管理資訊，像是只負責某座倉庫的櫃位安排及物流車的運輸路徑，而不考慮其他節點的工作任務，僅專注於各自節點所負責的工作任務。

分散式運算的優點是，單一節點的運算負荷不高，並能提升資訊安全性，不會因為系統當機而導致全局癱瘓。

分散式運算的另一個優勢在於其對 AI 化的應用準備度，特別是透過 action token 的機制，使各個節點能夠直接進行溝通與協同決策，考量所有運輸任務的時間、距離、能源及庫存等因素，找出最優化的全局安排。

在節點伺服器的運算下，可以基於該節點的條件，做出最符合當前需求的決策，提升決策的靈活度。目前全球重要的資訊系統公司，包含 Google、微軟、亞馬遜等企業，也多是採用分散式運算，表示當前應用技術已經成熟可行。

如果你是具備軟體系統背景的專家，一定會發現這套數位平台所需的應用技術已經完全可行。例如：亞馬遜在 2021 年就曾推出 Amazon IoT TwinMaker[9]，可以快速創建建築、工廠、生

產線、工業設備的數位孿生,在系統中操作使用。在 AI、3D 元宇宙以爆炸速度發展的時代,可以應用的範圍必然更廣。

當容器、運具、倉庫都完整且全面數位化、智慧化,就能以其即時數據建立一套基於數位孿生的數位平台。跨企業的數位平台可以自動做出全物流暨供應鏈管理的完整決策,讓供應鏈中所有的運送規畫達成最佳化。

實體互聯網所需要的相關技術都已經存在,甚至相當完善成熟。目前看來,最難的、還沒開始成形的,是結合零售商、物流商、製造商,乃至整個產業,共同形成聯盟體系,將這些科技串連組合實踐於實體互聯網。而這就是下一章的重點。

---

9. 可參考亞馬遜官方說明:https://aws.amazon.com/tw/events/taiwan/news/articles-Amazon-IoT-TwinMaker/

The Death of Supply Chain Management
and the Rise of PI

第十三章
走向實體互聯網時代：建立制度認證，形成聯盟體系

過去物流暨供應鏈管理的決策多是由公司某位高層主導負責，沒有跨單位協同。進入實體互聯網時代後，供應鏈的運作該由誰來決策？答案有點複雜抽象，相信許多人不易想像理解。

還記得本書一開頭提到的零售業陳總、物流業葉副總、製造業王經理嗎？當這三位企業領袖都理解實體互聯網的好處後，也非常好奇實際落實、開展運作的方式。

「若組成實體互聯網，容器的規格誰說了算？市值比較高的公司決定嗎？」零售業陳總問。

「要怎麼決定現在由哪一間公司去送貨？派單的機制是什麼？如何確保公平？」物流業葉副總顯然很在乎這個問題。

「即使有一個數位平台，具體的參數要如何設定？有國際標準可以採用嗎？」製造業王經理也提出疑惑。

問得好。根據歐美日中等國的實踐經驗，實體互聯網的運作規則都必定是：**組建聯盟後，共同建立協議**。

聯盟怎麼組？協議怎麼建？讓我們假想這三位業界領袖要

第十三章
走向實體互聯網時代：建立制度認證，形成聯盟體系

組成聯盟，演示一下整個過程。

志同道合的企業將組成實體互聯網聯盟

想要讓公司之間互相合作，需要建立嚴謹的制度與體系，並根據所有參與者對實體互聯網的共識，組成合作聯盟。

經驗老道的陳總決定捲起袖子動手實踐，邀請王經理、葉副總一起成立「效能優異」實體互聯網聯盟。

聯盟要能維持運作，需要建立相應規範，於是陳總開啟提問：「現在已有共識，我們三家的運具都納入聯盟共用。但我們首先需要確認，運具共用的機制是什麼，以及損壞時如何賠償負責。」

「還有別忘了倉庫共用。以台灣來說，要先確認北中南東總共需要幾座物流轉運站？每個地區會由哪間企業負責維運？」王經理點了點頭後補充。

默默打開筆電開始做筆記的葉副總表示：「大家都說了職責和工作，也別忘了談費用。在款項分拆方面，每一趟的物流費用、倉庫管理的維運費用、運具使用費用，以及加入聯盟的會員費，都要公平計算。」

建立實體互聯網聯盟的協議，勢必需要投入相當的心力進行協調與折衝，確保顧及各方的考量，每個人都覺得公平才能

The Death of Supply Chain Management
and the Rise of PI

讓聯盟運作長長久久。

「我們逐條討論實在費力，是否乾脆讓政府主導比較統一快速？」王經理提出疑問。

「不行，如果讓政府強制規定所有人要怎麼做，可能無法顧及每一方的需求。而且你也知道，若要等政府整合各方共識，可能都好幾十年以後，時機早就過去了。」陳總回答。

既然不讓政府主導，聯盟成員心裡浮現一個問題：「有沒有一個可以參考的協議機制？」

答案是有的。

參照網路資訊架構，由業內人士共訂協議

一開始，歐美日中等國家的專家參照網路通訊協議 TCP/IP，制定實體互聯網協議，目前已經有好些先例。他們所擬定的協議當然值得我們參考仿傚。根據研究機構分析這些既有的協議，「效能優異」實體互聯網聯盟的協議至少需要包含六方面的內容，簡述如下：

一、封裝規則：規範如何將貨物有效地封裝進標準化容器，確保可在各種運具中高效堆疊與搬移，並對特殊物品（如易腐品或危險品）規定相應的處理標準。

二、運具規則：涉及運輸工具的裝載和路徑規畫的標準，

明定運送工作派遣的方式，確保貨物裝載的安全性和效率，並透過優化路徑規畫減少運輸過程的時間和能源消耗。

三、物流規則：規範物流設施的實際操作，例如：在倉庫、轉運站的貨物處理過程，包括貨物的接收、分類、儲存和發送的方式。確保來自不同企業的貨物也能無縫接軌，實現效率最大化。

四、數據規則：涉及數據和信息流的管理，包括訂單處理、貨物追蹤、庫存管理等系統的數據交換標準，使不同組織間的系統能夠互聯互通，共享關鍵信息，實現自動化決策。

五、收益規則：明定費用拆分與支付計算方式，包括成本攤付、服務定價與計費、獎勵和激勵措施，以透明溝通來確保利益相關者之間的公平與信任。

六、加入規則：明定新加入成員需要符合的標準和認證條件，以確保與現有的實體互聯網結構兼容，包括硬體設施、運輸工具和資訊系統的標準化。

協議訂妥並取得各方共識後，就會將協議內容寫入數位平台的程式運算邏輯、定義相關參數。如此也就確保了每一次的工作派遣、硬體維運、路線選擇、費用清算，都會依照承諾共識進行，而且每一位聯盟成員都將得到公平的回饋。

The Death of Supply Chain Management
and the Rise of PI

實體互聯網體系納入新成員的認證與導入

「效能優異」實體互聯網聯盟開始運作後愈來愈平穩流暢，參與各方都感受到效益。這樣的消息必定會擴散出去，許多公司會想要申請加入。

果然，葉副總提出：「我的好朋友黃執行長經營日用品販售多年，有倉庫、車隊、多個零售點，也想加入我們的聯盟。」

這時候聯盟就必須要求申請加入的公司，依照協議的內容進行物流暨供應鏈管理業務的革新。其內容將至少包括：

一、**硬體符合規範**：新成員公司內部的硬體要更改規格以符合聯盟的規格協議。

二、**硬體共用**：新成員公司內部的容器、運具、倉庫要開放給聯盟成員共同使用。

三、**數據共享介接**：新成員公司的數位資訊要統一格式以符合聯盟規格，才能和聯盟的數位平台串接，共同使用。

申請者依據協議進行調整後，就可以接受聯盟審核，若通過審核，將成為實體互聯網的一員，開始享受實體互聯網的好處。

「歡迎加入成為認證成員！從今天起，貴公司可以使用聯盟內的所有資源，包含硬體、運具、倉庫。如果貴公司需要倉

庫,可以使用我們的共用倉庫。」葉副總對新加入的物流業黃執行長說。

「如果黃執行長提供倉庫、運具給聯盟成員使用,我們會依據資產使用程度,給予相對應的報酬,這些制度都寫在規範裡。」陳總熱情攤開協議介紹。

「當然,如果黃執行長使用聯盟資源,也會依照協議規範收取一定比例的費用。費用當然比外面便宜很多。」王經理補充。

「太感謝了。加入『效能優異』聯盟不但能省成本,還有機會利用閒置倉庫、物流車賺錢,我要來邀請其他同行加入。」黃執行長開心地說。

不只黃執行長開心,這對聯盟中的所有成員都好事。當聯盟的成員愈來愈多,各種硬體、運具、倉庫等資產的共用成本就有更多廠商參與攤付,整體產生更高的綜效,在市場也更有競爭力。企業愈早加入實體互聯網的行列,愈能搶占先機與優勢。

實體互聯網體系間的合作,愈合併愈高效

「效能優異」聯盟創立後,將會鶴立雞群、獨占優勢嗎?不會。

可以預期全台灣將會出現多個實體互聯網聯盟,其各自的

協議雖然架構類似,但細節可能略有不同。這些聯盟之間勢必也會出現效率與經營品質的良性競爭。

由於聯盟成員數量愈多,效率會愈高,成本也愈低,因此不同聯盟之間會尋求合併,尤其是效率較差的聯盟會爭取合併進入效率較優的聯盟。例如:以全台灣為經營範疇的「效能優異」聯盟,就可能收到「宜花東」聯盟、「高高屏」聯盟申請併入。

你可能會有疑問:「相互合併的話,會不會造成原成員的損失?」答案是不會的。

最佳硬體的規格,包含容器、運具、倉庫的建置,會像貨櫃一樣通用。數位平台則可能採用相似架構,只是依照協議的不同,在參數與計算方式上稍有不同。

聯盟之間的合併,對絕大多數參與者而言,可能類似將手機的通訊服務商從中華電信改為台灣大哥大,具體使用上的實際影響將會非常小。

實體互聯網聯盟之間互相合併的過程,將逐步提升整體的運作效率,並在不犧牲任何企業的前提下,增加每間企業的收益。

第十三章
走向實體互聯網時代：建立制度認證，形成聯盟體系

走向實體互聯網的未來

介紹完實體互聯網的內涵，你一定有發現，技術發展已經到位，唯一缺乏的是人們**思維的轉變**。

硬體的標準化、數位化，不但技術上不是問題，也已經有企業正在實踐當中。改造運具和倉庫所需的技術也已經非常成熟。

管理硬體、運具、倉庫的數位平台，所使用的數位孿生技術也早已經有實踐範例。收集硬體、運具數據的技術，也與當前物聯網的技術相同。

實體互聯網必然會在將來實現，中國、日本、美國、歐洲各國都已經展開研究，台灣也有實體互聯網協會正在推動，慢慢形成聯盟，建立一套標準化的規範與制度，奠定台灣實體互聯網的發展。

相信看完本章的你，一定已經躍躍欲試想要在自家企業導入實體互聯網機制。下一章，我們將解析各類型產業、各種位階的企業人員，應該如何導入與實踐實體互聯網。

第三部

走向實體 AI 供應鏈管理思維與應用，企業利潤增長無上限

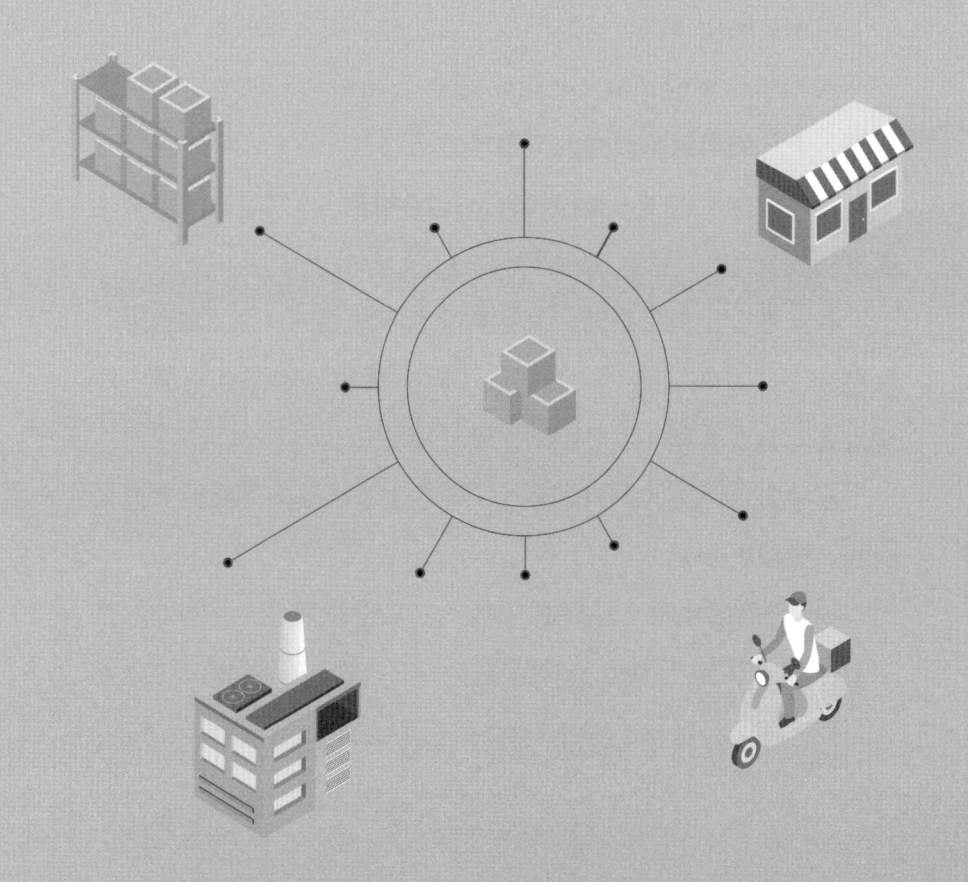

第十四章
爭取加薪有辦法：
以實體互聯網創造協同

加薪最終解：創造價值，為公司提升利潤

　　我寫這本書不是為了傳教，鼓吹實體互聯網有多好。

　　這本書的出現其實是為了你，幫助你爭取更高的收入。

　　我相信每個公司員工，除了關心公司理念、專業是否符合志趣，工作的最大動機在於：追求更高收入。你認同嗎？

　　奇怪的是，很多人並沒有直面這個問題：「到底要怎麼做才能提高收入？」

　　我在進行企業內訓時，必定會問台下的員工：「你知道要怎麼做才能提升收入嗎？」發問後，教室通常就會陷入沉靜，每個人直勾勾看著我，似乎聽到什麼外星話。

　　當我點人回答，常常聽到：「應該是讓自己的專業能力愈來愈好，懂得更多吧？」

　　「真的是這樣嗎？好好想想哦，」我常常反問：「如果你花了五年讀了個博士學位，或是讀了一千本書，你更專業、懂更

第十四章
爭取加薪有辦法：以實體互聯網創造協同

多了，對吧？然後你去找老闆要求加薪，你覺得結果會如何？」每當我說了這個例子，台下員工都會搖頭。顯然情況並不樂觀。

想要老闆替你加薪的不二法門，就是為公司創造利潤。當你的貢獻能幫公司賺錢，你才有底氣向老闆要求增加薪資；如果公司營收下降，你不但可能被降薪，還可能被裁員。這時問題來了：「要如何才能為公司創造利潤？」

是要花錢學習人工智慧、大數據分析？還是取得特定專業技術？

答案其實近在眼前。而且是每個人都可以做到的事。

價值礦藏，請發現油井

理論上每一個工作者，無論是行政、財務、研究員、工程師，在公司裡必定都可以透過提升營收與降低成本的方式，為利潤增加帶來貢獻。

但具體而言，又該怎麼做呢？

「是要員工更勤奮、更認真工作？更常加班？我每天上班已經那麼努力了，還想要把我榨乾嗎？」談論至此，常看到員工低聲抱怨，其他同事也群起共鳴。

諾貝爾經濟學獎得主傅利曼（Milton Friedman）有一個知名小故事：他和另一位大師走在路上，對方突然說：「地上有一百

179

The Death of Supply Chain Management
and the Rise of PI

元美金！」傅利曼頭也不回往前走：「如果那是真鈔，早就被人撿走了。」

是的，每個人都已經很努力，也足夠專業。現實就像上述故事所說：地上已經沒有錢可以撿了──要靠更努力、更專業來提升利潤，大致上已經不可能。

聽好了，要創造利潤，必定能達成目標的方案，是本書序章就提出的：**當作我們是同一間公司**；或者用簡短的方式來說，就是「**協同**」。

過去當零售商要追求更多利潤時，通常會壓低物流廠商的費用，透過降低成本來讓帳面數字更好看。但現在物流商已經沒錢可以被壓榨，沒有降價空間。怎麼辦？

現在零售商應該要和物流商合作，像是數據接軌，幫助物流運送更有效率、更精準，這就是協同。

過去許多企業會試圖壓低包材價格，但現今包材已經沒有降價空間。現在他們可以跟同業聯合採用能重複利用的容器，減少成本浪費，而這就是協同。

過去要依靠折扣戰、價格戰去搶占市場，現在則可以共用運具，提升運具的利用率，也能節省成本，而這就是協同。

第十四章
爭取加薪有辦法：以實體互聯網創造協同

噴湧價值的油井，就在街拐角

要增進協同，過去曾難如登天。

沒有電腦，資訊記錄只能靠紙本。即使有紀錄，也很少有人去翻那一疊疊厚重的紙本資料，因為難以利用。

沒有網路，資訊難以傳遞，只能靠打電話通訊，費用昂貴。

沒有智慧型手機，無法即時跨國聯繫通訊，各地區的溝通很不暢通。

以前受技術所限，即使想要做更多協同也無法達到。

而現在，感應設備、高速傳輸、強大算力、人工智慧等所有技術成熟，實體互聯網將在全世界落地成真，實現協同有了具體的科技基礎。

推進實體互聯網以達成協同不只是物流業的事，也不只是公司高層的事。每個員工都能在促進公司協同的過程中創造大量價值，贏得加薪、提高收入。每個產業、每個部門都能參與，也都屬必要。

鑿地探採石油必須挖設「油井」；有些原油從地殼孔隙滲漏到地表，拿水桶就可以直接開採，叫做「天然油苗」。

過去，因為沒有能夠實現協同的相關技術，所以無法意識到原來周遭就有汩汩湧出的「天然油苗」；現在，技術成熟

The Death of Supply Chain Management
and the Rise of PI

到位,只要公司有意願協同、推進實體互聯網,何必再捨近求遠,隨手就能發掘從未開採的「天然油苗」,並創造出大量利潤。我們將要迎接的這個時代,就是一個透過協同創造利潤的黃金時代。

　　各種產業、企業中的各單位可以怎麼做?以下各章將為您一一解析。

第十五章
製造業夥伴扛起協同主導權，
確保全供應鏈利潤最大化

「長鞭效應」是製造業的夢魘

每個人都怕鞭子，尤其製造業最怕。

只要是製造業者，一定知道「長鞭效應」——終端消費銷售量的少量變化，經過零售商、代理商、批發商、製造商、原料商……層層向上游採購下單而不斷放大需求，逐步疊加，愈是上游的業者，其生產面對的波動震盪愈是劇烈。

在消費者端發生 5% 的需求變化，到了產業上游，訂單的變化可能高達 200%。資訊時間差造成決策扭曲，長期以來導致整個供應鏈極大的損失。

在長鞭效應下，零售業為微幅的需求增加而大量下單、緊急催單，常使製造業生產不及，這時可能導致工廠需要緊急進貨、超時加班，更貴的人工與原物料成本把獲利砍得更薄。

接到下游的大量訂購後，製造商十萬火急生產出大量成品。但等到真正出貨後，往往銷售熱潮已過，商品無法賣出積

The Death of Supply Chain Management
and the Rise of PI

壓在倉庫中。最終結果是長期占用倉庫空間造成存貨成本，或是低價拋售存貨，無論如何製造商都得吞下損失。

傳統訂單模式中的 Advance Order[10] 和 Master Order[11] 模式，都會造成上述問題。而 VMI（Vendor Managed Inventory，供應商管理庫存）[12] 的訂單模式，雖然不會遇到上述問題，但因為過去供應鏈全由人工憑經驗補貨，導致效益並不明顯。

面對人工智慧正在改變一切的當下，我想跟所有製造業的朋友說：爭取採用 VMI 模式，由製造業肩負出貨決策，將是走向實體互聯網至關重要的第一步。

製造業領銜，推廣採用 AI 為基礎的 VMI 模式

以往即使供應鏈採用 VMI 模式，製造供應商仍然只能仰賴員工基於過去的紀錄表單，做為未來出貨規畫的依據。我們都知道，員工有判斷力的極限，加上過去紀錄顯然不能用以預估當前需求，因此成效不見得好。

而現在，以下各項條件將可以逐步成真：

---

10. Advance Order 是指零售商在需求發生前，提前向供應商下達訂單，這種模式通常運用於提前確定需求的情況。
11. Master Order 是指零售商在一筆採購中，包含多次交貨計畫的訂單，通常是基於長期可預測的需求。
12. VMI 是指供應商和客戶達成協議，直接管理和補充客戶的庫存。

第十五章
製造業夥伴扛起協同主導權，確保全供應鏈利潤最大化

一、企業 ERP 系統將愈來愈廣泛且深刻地運用人工智慧，運作效率與成效大幅提升。

二、終端商品的銷售資訊與補貨狀況即時且透明，讓上游製造供應商得以全盤掌握。

在此前提下，製造商應該更積極爭取掌握整個供應鏈出貨的決策權，負起向下游出貨、向原料商下單的責任；在此同時，所有的運輸與倉儲成本也由製造商承擔。

以此前提運作的 VMI 模式，看來是讓製造供應商承擔很重的壓力，卻是讓全系統成本最小、風險最小、獲利最大的方案。

當供應鏈的決策權與所有的成本參數都掌握在製造商手中時，製造商將有能力也有誘因，透過出貨批量與時間的掌控，使效益達到最佳化。

製造商的出貨決策除了考量即時銷售數據，也會將過往的歷史資訊納入考量，包含季節、氣候、節慶、消費者輪廓、零售點地理分布等條件。有了這些資料，人工智慧的出貨規畫將遠比員工憑經驗執行更為精準。

我們可以預料，ERP 系統中的人工智慧，基於數據分析結果會發現各種因素之間先前想都沒想到的關聯性，因此自動擴展訂單的內容，例如：在某個歌手演唱會票房熱銷時，會自動追加出貨該歌手代言或常穿的服飾以增加獲利。

除了向下游出貨,系統同時進行未來的銷售預期規畫,提早向上游廠商釋出需求,讓廠商能提前準備原料、人力、進行排程。

在持續的運作中,人工智慧會不斷蒐集與分析銷售實況與成本,用實際數據訓練機器學習,使系統決策的精準度持續優化與提升。在這樣的系統下,供應鏈從下游傳導到上游的「長鞭效應」將得以化解,下單量的變化將愈來愈接近平穩的波紋,而非震盪飛舞的鞭繩。

根據上述基礎,系統將可以透過區塊鏈智能合約技術,不斷計算每一方參與者的貢獻,公平且透明地分潤給所有參與者,這時候就已經往實體互聯網邁進很大一步了。

以 VMI 驅動協同,全供應鏈所有參與者受益

有些人讀到這裡可能會擔心:「這套由製造業主導的 VMI 模式,會不會只有製造業獨享利益,讓其他人吃虧?」答案正好相反。只有這樣做,才會確保所有參與者受益。

製造業能提前發出訂單需求,對上游供應商而言能緩解、攤平作業壓力。業者能更早準備,利用工作低檔時期的產能預先囤貨,也能有穩定的預期收益。如此供應商不用擔心突然接到大量訂單,也降低臨時召人、備料的成本壓力。

第十五章
製造業夥伴扛起協同主導權，確保全供應鏈利潤最大化

對零售業者而言，配合採用 VMI 模式意味著完全不用承擔存貨與運輸的成本，預估失準的風險完全由製造業承擔。雙方還可以議約：如果新的 VMI 系統確實省下成本，製造業再分出一定比例利潤給零售商，或是降低報價做為報酬。如此安排，對零售業可謂百利而無一害。

對終端消費者而言，製造商主導 VMI 模式意味著商品供貨可以維持平穩，需求高峰發生前都可以預知而提前備貨，不用擔心買不到熱銷品。而由於製造業者總是提前進行生產布局，不會為了趕製商品而降低品質，產品良率將提高。因為系統性減低成本，產品終端售價將能降低，也讓消費者獲益。

當然，這樣的作法對製造業者也是絕對有利的。首先，銷售量將確保得到最大化，最高程度滿足市場需求，並將全供應鏈成本壓到最低。第二，原本用於規畫出貨與下單的人力都可以省下來，這些工作交給 AI 將做得更好。也許有人會擔憂：搭載 VMI 模式的系統是否很昂貴呢？不會的。可以預料，系統將會由第三方機構負責打造與維護，對製造商僅以訂閱制收費。

全自動化 VMI 系統不但能解決製造業長期以來困擾的問題，也透過協同讓上游廠商、零售業、製造業、消費者四方受惠，達成共贏局面。

從協同裡挖寶，揮別製造業的最大煩惱

在技術發展下，製造業應該發揮實體互聯網的精神，和零售業者協同，運用全自動化 VMI 模式的出貨系統主導生產，才能揮別過往長鞭效應造成的成本飆升及利潤損失。

製造業愈早開始推動自動化 VMI 模式，不但本身可以從中獲益，長期合作的上游廠商也能馬上受惠，零售商也能擺脫囤貨壓力，並且確保消費者得到品質最好、價格最低廉的產品。透過實體互聯網達成的協同，將是全局皆贏。

推動 VMI 供貨模式，難度低、效益高，做為製造業走向實體互聯網的第一步，再適合不過。對於物流業者而言，也有低垂易摘的鮮甜果實。

第十六章
物流業夥伴以數據思維協同共配標準化，建立數位孿生淘金礦

物流業者的處境：抱著金礦的坐騎

「每個客戶都在砍我價，只要打聽到價錢低一點的，就要我比照降價。欸，我真的不甘心！」我時常聽到物流業朋友的抱怨：「被人當成驢馬坐騎，勞累流汗卻連一碗湯都喝不到。到底還能怎麼辦？」

我太了解物流業者的辛苦，也完全理解他們的氣憤之情。但我也知道，這都將成為過去式。

面對未來，物流業的手裡其實抱有價值連城的金礦，只要你懂得開採，就可以煉出大量價值與利益。

「悄悄跟你說，我有個方法可以知道一間公司賺不賺錢，接下來股價漲不漲！」一位物流業年輕資訊主管語帶神祕對我說。

「哦？太好奇了！是什麼？」我豎起耳朵聽。

「就是看有多少企業三節送禮給它！我告訴你，這招萬試萬靈！」年輕主管揭開謎底。

The Death of Supply Chain Management
and the Rise of PI

　　從他短短兩句話中，我看見物流業蘊含的金礦在閃閃發光：**數據**。

　　深度挖掘物流業所蘊藏的數據，不但將可以開採巨量價值，還可以做為走向實體互聯網的準備基礎。以下提供三個可以低難度達成的方案：

一、發現互補方式，與同業進行協同共配

　　過往物流業者在運輸過程中經常會發生滿載率低的情況，甚至物流車內僅有兩三個包裹就啟程運送，浪費運能。如果想達成運輸效率最佳化，物流業者之間必須進行協同配送，而非每間物流公司各自獨立運送所有貨物。

　　協同配送的具體原則是什麼？答案是：**專精深耕，差異互補**。

　　物流公司可以從自己的運貨數據中分析：哪個地區的業務量特別集中、人員與車輛投入最多？從中可以選擇一個（或少數幾個）區域做為深耕發展的領域。

　　例如：A 與 B 兩間物流公司，經分析數據後，可能決定分別以台北和高雄為經營領域。A 公司專注服務台北客戶，當他的客戶需要運貨到高雄時，A 公司的貨車只要開到高雄的倉庫，B 公司就可以前往取貨，再配送給高雄的客戶。反之亦然。

在地化專精配送的好處，是可以最大化運輸效率，並大幅提升滿載率。也因為各公司負責熟悉的區域，配送速度自然會增快，從而成本降低。分工帶來效率，在工廠內得證，在道路上也必然如此。

除了分地區，物流公司也可依據各自專業領域進行配送，例如：冷鏈、生鮮、醫藥或是其他特殊運送類別。

過去物流業者會避免協同配送的主要原因，在於責任與風險難以釐清。例如：當 A 公司接到的貨物，最後一段路程交由 B 公司運輸，而最後消費者發現運輸過程中發生損壞，該由誰負責？是 A 公司沒有包裹好貨物，還是 B 公司在運輸過程出問題？這個問題無解，協同合作就難辦。

然而，現在有了感測相關技術，在運具、容器智慧化以後，將可以輕易準確追蹤貨物損壞的時間、地點，責任歸屬關係也可釐清。

公司之間只需要達成配送協同合作，不用做其他額外的投資，馬上就能減少成本，增加利潤。

二、硬體標準化，共創更大市場

物流業者之間一旦有了緊密合作，必定會走向下一步：**增加硬體標準化。**

The Death of Supply Chain Management
and the Rise of PI

　　協力的物流業者只要使用同樣的棧板,就可以有效減少換板的時間浪費;相同原理,如果能採用相同規格的容器,雙方都將節省成本。

　　採用相同規格的容器後,運具中的貨架也可以進行標準化,藉由數據分析後,能做到最密的排列堆放,減少空間浪費。倉庫的貨架同樣可以進行標準化,透過數據分析,讓貨品的擺放最優化,也將更容易機器人執行取貨與出貨。

　　掃描和感應系統標準化以後,就能夠相互銜接,隨時傳輸及共用數據,進而掌握全部貨物的具體位置。物流業者對這些數據進行更深度的挖掘分析,將可以取得更多高價值的洞察。

　　特斯拉經營初期是使用獨特的充電接頭,只有特斯拉車主能用,和他廠充電車無法通用。所有的電車廠商都發覺此舉是多大的錯誤。後來特斯拉逐步開放充電規格,甚至開放超級充電站,讓非特斯拉的車主只需要安裝特定充電接口,就能直接使用特斯拉的充電站。特斯拉發現,這樣的作法助益他們的客戶,也助益整個產業,最後更推展了特斯拉的經營。

　　標準化有利於銜接與協作,在所有領域都是如此。當物流業者之間實現掃描和感應系統標準化,並且相互銜接,更進一步的價值挖掘機會就在眼前。

三、建立數位孿生，近挖礦，遠結盟

物流業想要進一步挖掘數據中的金礦，就得基於實體互聯網的思維，建立一套數位孿生系統，這也是我們在第二部討論過的系統，可以透過數據分析找出有價值的洞察。

對於物流業來說，為所有進入運輸系統的貨品建立數位孿生，將有助於更精準地追蹤庫存和優化營運流程，對業者當前的經營就可帶來效益。

數位孿生技術可以讓物流業低成本地進行各種測試和模擬。例如：兩家物流公司在展開實際協同運作前，可以在數位孿生環境中進行模擬試驗，以精準評估效益，或是找出優化協作的安排（如倉庫的設立位置），從而減少實作中的風險和成本。

數位孿生技術可以同時搭配區塊鏈智能合約，建立一套明確且公平拆帳的支付機制，以全面透明化資訊加強協同過程的信任度。

採用數位孿生系統的企業將會在爭取客戶上，帶給上下游廠商難以替代的價值。未來，當製造業高比例採用數位孿生技術進行生產規畫時，很可能會要求協力的物流業者能配合銜接。

建立數位孿生系統後，可以從數據中挖掘更多價值；目前在技術上，已經完全可以建立這套系統。

The Death of Supply Chain Management
and the Rise of PI

選擇的時間：做大做強或被超越吞併

當前的物流產業面臨重重危機與嚴酷競爭。物流費用已經被砍到見骨，幾乎沒有利潤可言。

而現在，是物流業華麗轉身的機會——可以從數據中挖掘黃金，取得過去追求不到的利潤。

但是，要快。機會窗口可能相當短暫。

據我所知，有許多零售業、製造業、系統平台業者都已經看見物流業蘊含的寶藏，對裡面的金山銀礦（數據）摩拳擦掌、虎視眈眈。尤其是擅長做跨業整合的公司，都打算切入物流產業發展。

如果物流業者不快速行動，機會可能流失，金礦可能被別人挖走，甚至想要固守的業務也會被帶有科技實力的競爭者吞食。

我知道這是一個很艱難的決定，這條協同之路可能要走十年，甚至二十年。也不能排除短期會有支出增加，明顯利潤下滑的情況出現。

但是如果你著眼的是更長遠的發展，並且不想幾年之後被其他競爭者超越吞併，現在就要參與實體互聯網，開始和同產業、跨產業業者發展協同。

本章已經提供了具有梯度、從淺而深的路徑圖，供物流業者參考——從和同業進行運具共配開始，接著進行硬體標準化、系統介接後，建立數位孿生。循著這個策略，物流業者將會自然而然走向實體互聯網，才有機會在下個世代繼續存活。

　　對許多物流業者而言，現在就是必須決定的時刻，必須有脫胎換骨的準備，才能在下一個產業機會中浴火重生。

　　需要懷抱這個心態的，不只是物流業；現今看來風光無限的零售業，其實也是如此。

The Death of Supply Chain Management
and the Rise of PI

第十七章
零售業夥伴攜手上游與對手，
從小規模試點做起

　　我曾經和許多人一樣，認為在供應鏈中，製造業、物流業面臨較多挑戰和危機；相對來看，零售業好像比較安全，不受當前科技變化的影響。

　　「你們公司最近生意應該不錯吧？常常在新聞上看到你們的報導，臉書上也有不少廣告。」在某次會議上，我對一名認識許久的零售業高層說。

　　「才沒有想像中好，我們的經營壓力一直都很大，大家都做得戰戰兢兢。」對方苦笑著細說近況。

　　原來零售業也面對三大壓力來源，像是三座大山把他們壓得喘不過氣：

　　一、降低成本；要不斷提升運用企業資源的效率，持續降低庫存、運輸或聘僱人員的支出。

　　二、增加營收；客戶需要的產品必須快速補貨，以確保達成購買，滿足客戶需求。

　　三、減低碳排放；在全球淨零碳排的目標下，必須全面計

第十七章
零售業夥伴攜手上游與對手，從小規模試點做起

算碳足跡，不斷減少企業經營的碳排量。

聽完他的訴苦，我忍不住笑著跟他說：「我可以立刻告訴你解答！」

走向實體互聯網是解方，但有難關

零售業的讀者們，本書讀到這裡，你一定會發現，這三個問題的解答不就是：實體互聯網！

要降低成本，最快的方式就是與同業協同共配。舉例來說：路易莎咖啡可以和丹堤、伯朗咖啡協同，透過共同配送來運輸咖啡豆、餐點，甚至進一步共用倉庫、轉運站，如此必然能提高貨運滿載率，減少每次運輸的成本。

要增加利潤，零售業必須和製造業合作使用 VMI 出貨模式，提供前線銷售數據給製造商，讓製造商也能同步掌握第一線客戶的需求。藉此可以更早生產熱銷商品，也能減少滯銷品的庫存量，提升貨品生產的靈活度，因應客戶需要調整供貨，增加收入。

要減低碳排放，零售業之間可以採取共用運具，從獨立運送轉為共同配送，就能減少碳足跡和碳排。

當我和零售業者分享這些明確、即時可行的方案，許多人卻感到憂慮與懷疑：「如果要共同配送，或是提供銷售數據，會

不會有將資訊、經營機密洩漏給競爭者的風險，造成我方的優勢流失？」

坦白講，這樣的擔憂確實是零售業在發展實體互聯網時會碰到的考量，因此業界將會朝向兩種發展模式進行。你，必須選擇。

開放？不開放？兩種陣營體系的選擇

面對新的時代，零售業有兩個經營供應鏈的模式可以選擇，其思維類似於選手機：或者選擇走向全面封閉的經營模式（類似 iOS 系統）；或者選擇開源共享的經營模式（類似 Android 系統）。

全面封閉式系統的特點，是一間公司自行控制供應鏈所有流程與系統——所有硬體，包含倉庫、物流車、資訊系統，都直接屬於自己，並且只有自己能操控。當然，貫串硬體、由硬體產生的資訊流，也都封閉在公司內部，不需要和其他系統整合銜接，也不需要擔心會有資訊外洩的問題。

如果零售業要採用全面封閉式系統模式並且不斷優化，前提必須是大型企業才能有雄厚的資金建置軟硬體、組建系統。夠大的規模體量才能確保符合經濟效益。

在**開源共享式系統**的運作原則下，供應鏈的某些部分由所

第十七章
零售業夥伴攜手上游與對手，從小規模試點做起

有人共同協力優化，其餘部分則各自發揮與競爭，好比容器、運具、倉庫、系統、數據、決策平台等，盡量採取協同共用。

這樣的運作方式對零售業而言是陌生的，但其實在資訊產業、網際網路的世界卻是主流思維，運作實踐已經數十年。例如：三星、小米、OPPO 在操作系統核心部分不競爭，合力優化 Android 系統內核，只競爭應用介面。

零售業要採用開源共享式系統需要做好數據共享的準備，並且依照共同制定的協議進行整合協作，類似所有網際網路上的電腦、伺服器都遵循 TCP/IP 協定。

未來這兩種體系都會出現，但特定公司要選擇走哪條路，取決於本身規模與策略。

只有少數規模極大的零售業具有充足的資金與整合能力，可以採用封閉系統。絕大多數的公司加入開源共享的供應鏈模式會更有效益；正如 Apple 這麼大的公司會獨力打造 Mac 系統，而大多數中小型公司都是加入 Android 生態系。

如果是小公司卻採取封閉的供應鏈模式，要獨力打造作業系統，顯然將失去生存機會，因為很快就會被高額的開發費用給壓垮，連競爭的門票都拿不到。

此外，對於要參與開源共享體系的零售業者而言，起步作為是非常明確的，風險或代價都可以相當低。

The Death of Supply Chain Management
and the Rise of PI

零售業走開放體系的起步作為

零售業要參與實體互聯網可以從現在開始進行前置準備，最重要的三步驟包括：

一、**進行內部培訓**，全部員工都必須學習實體互聯網的基本概念與原則，並依此重新建立工作流程，因為在新模式下，零售業與物流業、製造業的角色會有許多相應的改變。

二、**整理企業內部的資料**，從手寫資料轉為數位資料，未來才能和外部企業協作，整合數據規格，以及做進一步的分析應用。

三、**進行小規模的試驗**，例如：路易莎咖啡可以選擇和丹堤咖啡展開共配協作的試驗，採取共用運具運輸部分產品。若成果順利、符合預期，就可以擴大協作規模。

在進行試點時，必須設定每個階段的目標，並且要準備接受可能出現錯誤——這是難以避免的。但只要利用中間產生的數據和反饋進行優化，許多錯誤都可以得到解決與改善。

實體互聯網的協同會繼續延伸到同產業、異產業，持續協同整合，可說是擁有無限的發展潛力。

第十七章
零售業夥伴攜手上游與對手，從小規模試點做起

和競爭者合作是利多，何樂而不為

我知道要零售業改變過去的思維和競爭者合作相當困難，畢竟零售業者之間可能視彼此為對手多年，多少會有心結與擔憂：

「如果商業機密暴露，經營技巧被偷走或學走怎麼辦？」

「我們把硬體、物流車、倉庫都共享給對方，會不會讓自己吃虧？或是變相壯大競爭者，而失去過往累積的優勢？」

請零售業真正理解實體互聯網的核心思維：協同的意義就是在某些領域放下輸贏與競爭的執念，共同限縮競爭的範圍。

納入協同的部分，好比供應鏈，就不互相競爭；不協同的部分，好比商品選擇、供應商選擇、店面設計、待客服務等，仍然競爭，這些本來就不因為供應鏈的協同而有所改變。

一直以來，同業廠商在經營環境的面向（如人才培育、立法倡議）並不競爭，而是合作打造與優化，並在共同的環境基礎上競爭。而現在，我邀請零售業將合作、非競爭面向延伸至供應鏈系統。

和同業一起打造供應鏈系統，建立規則與體系，將能降低成本，增加利潤，減低碳排，何樂而不為？

在共同的經營基礎上，最終產品賣多少錢、顧客選擇跟誰

The Death of Supply Chain Management
and the Rise of PI

買,就是各憑本事了。憑什麼本事?

下一章將說明,決定競爭結果的最關鍵策略。

第十八章
打造獨特供應鏈戰略，
實現不可替代的價值主張

不可替代的價值主張，才是掌握自己的命運

熟悉我的人都知道，我總是倡導台灣的製造業必須走出台灣，面向全球消費者，不應僅限於接單的被動模式。因此我投入多年推動製造業服務化，協助企業轉型，直接面對消費者端。我相信這是不可逆的趨勢。

每當我和企業高層深談企業轉型的課題，常會得到相似的回答：「只要下游品牌商給我訂單，我就想辦法做出來給他，這不就好了？能賺錢最重要！」

這就是典型的接單思維，而我深深為他們感到擔憂，因為他們的企業是建立在沙丘上的城堡，仰賴大客戶的鼻息而活。只要客戶一轉心改念，他們的事業隨時可能會灰飛煙滅。

有些企業的信念則是建立在磐石上，他們是帶著不可替代的**價值主張**，以及能實現價值主張的**供應鏈戰略**進入市場，面對全球消費者。最終達成企業的穩定成長與不可替代。

The Death of Supply Chain Management
and the Rise of PI

我相信這是所有企業人的心願。而這個心願,其實我們都能實現。

以下兩張圖,分別是發展卓越供應鏈「協同戰略」的概念框架與步驟流程,以及發展卓越供應鏈成熟度的進程與方向,都是企業設定供應鏈戰略極為重要的概念框架。

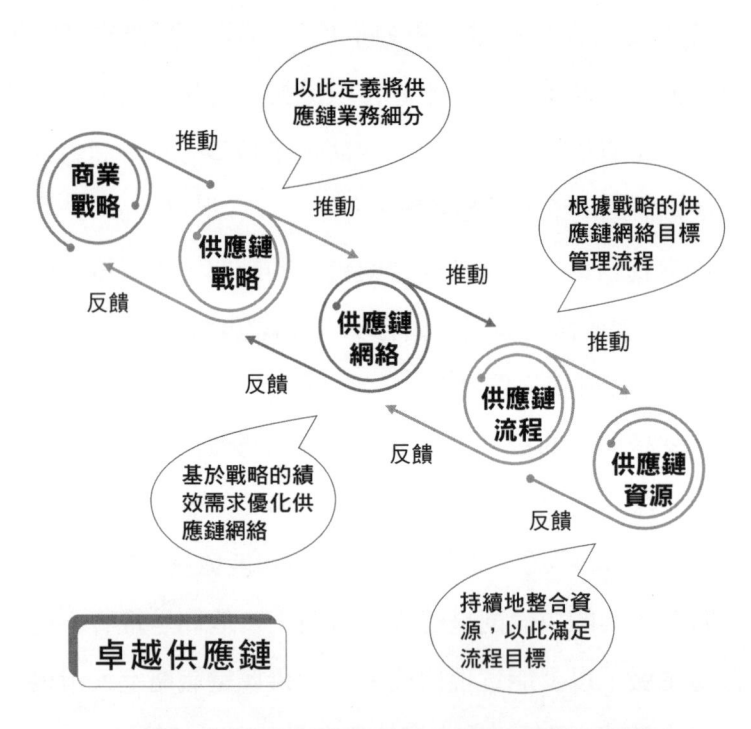

圖 10 發展卓越供應鏈「協同戰略」的概念框架與步驟流程

第十八章
打造獨特供應鏈戰略，實現不可替代的價值主張

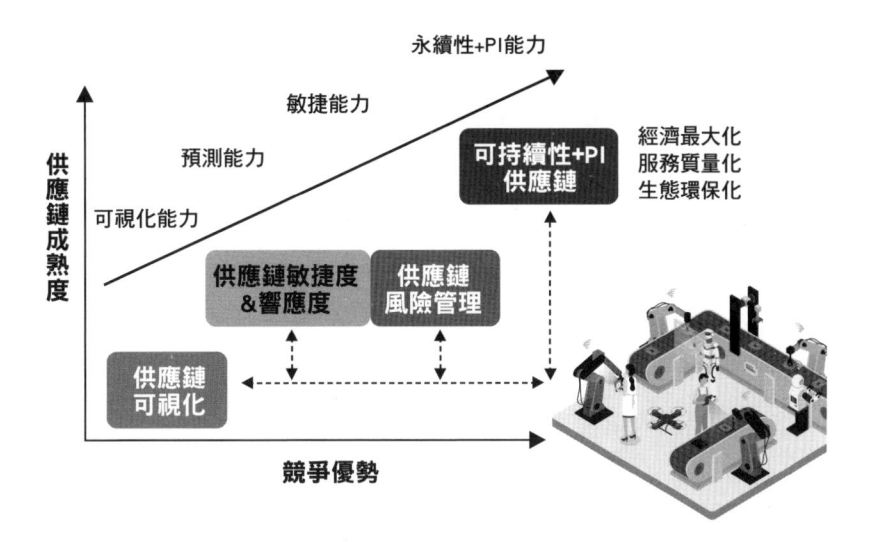

圖 11 發展卓越供應鏈成熟度的進程與方向
請自問：「我們公司的供應鏈到達什麼成熟度？」

價值主張讓企業對消費者而言是不可替代的

價值主張的定義是：企業向消費者承諾與提供的價值，這樣的價值應該是獨特、不可替代的，可以與競爭者相互區隔。有了價值主張，就能找到有相應需求的目標客戶，長期為這些顧客服務，進而獲利。

以眾所周名的瑞典家具品牌 IKEA 為例，如果你上網搜尋 IKEA，會清楚看見他們對客戶的承諾：

205

The Death of Supply Chain Management
and the Rise of PI

IKEA宜家家居線上購物-給你更多居家佈置靈感
✓ 商家身分已通過驗證 — 居家環境畫龍點睛,質感與舒適兼具的靠枕,陪你度過歡樂的追劇時光。 多款設計靠枕任...
📍 台北市內湖區舊宗路一段128號 - 02 412 8869 - 今日正常營業 · 10:00 – 21:00 ▼

空間佈置靈感
IKEA給你各種居家靈感,從擺設到收納 兼具機能與美學,輕鬆打造舒適家居

IKEA 新品駕到
各式居家小物、收納好幫手、風格家具 全新上架,IKEA和你一起打造美好家居

再創低價商品大集合
以物超所值的價格,輕鬆打造質感生活 居家收納/舒適寢具等,用低價創造無價

色彩繽紛的靠枕和萬用毯
在居家空間注入活力與個人特色 為你的生活畫龍點睛,點綴每一刻

圖 12 上網搜尋 IKEA 後會出現的「結構化資料」

　　空間布置靈感、新品駕到、再創低價商品大集合⋯⋯從這些出現在搜尋第一頁的標語,可以提煉出 IKEA 核心的價值主張:

・價格實惠

・自主設計與打造

・兼具機能、舒適與美學

這三項核心的價值主張意味著 IKEA 不主打耐用、材質高貴

第十八章
打造獨特供應鏈戰略，實現不可替代的價值主張

感等面向，而是針對大眾的生活機能需求，進行兼顧美感與實用的設計。IKEA 透過這些核心價值爭取的客戶類型非常明確。

另一個案例則是中國的零售商 SHEIN。搜尋 SHEIN 之後，出現在結果第一頁的是以下資料：

SHEIN官方網站 | 快速安全結帳
✓ 商家身已通過驗證 — 天天新品上架,高質量 & 大折扣,提供各種流行時尚穿搭,引領時尚潮流,購買實惠的服裝！舊衣大改造,SHEIN好康大優惠指定商品額外9折,多買多送,先到先得。,立刻線上購買。上門取件退貨服務。首次下單立減NT$100。支持貨到付款&超商取貨。滿額免運。

新款洋裝
從完美小黑裙到圖案印花超長裙 精選洋裝,應有盡有

超人氣襯衫
天天新品上架 穿出獨特魅力

新品入荷
新時尚體驗 提供流行時尚穿搭

沙灘裝
款式豐富多樣 不只時尚,更享服務

外套和夾克
時下流行女性服飾 穿出獨特魅力

圖 13　上網搜尋 SHEIN 後會出現的「結構化資料」

天天新品上架、高質量、大折扣、引領時尚潮流……分析這些標語，可以提煉出 SHEIN 的價值主張是：

・款式極多

・款式更新快

・價格相當低

這三項價值主張意味著 SHEIN 不主打材質是真絲、純棉、有機，不訴求知名設計師加持，而是更符合年輕人追求獨特、低價購買的需求。

即使有專注的價值主張，有取有捨，也不代表容易執行。為什麼 IKEA 就是能比別人便宜？對 SHEIN 而言，款式多就不易鋪貨，也必然提升成本，他們為何能做到？

價值主張的背後需要相應的**供應鏈戰略**，才能實現對消費者的承諾，實現獲利。

供應鏈戰略讓價值主張穩定落實

供應鏈戰略是什麼？是由五個維度的排列組合，輔助企業創造獨特的價值主張。這五個維度的內涵意義可見表5。

例如：IKEA 的價值主張是簡潔、價格實惠、自主設計與打造，所對應的供應鏈戰略就是最大化資產利用率，進而降低整體成本。

第十八章
打造獨特供應鏈戰略，實現不可替代的價值主張

維度	定義
可靠度	如預期交付成果的能力。可靠度重視結果的可預測性，包括按時、按數量、按品質交付產品。
響應度	供應鏈向客戶提供產品的速度。
敏捷度	能快速回應市場需求，做相應變化，以及找出替代方案。
成本	營運供應鏈的成本，包含勞動、原物料、管理與運輸成本。
資產利用率	能夠有效、最大化運用資產的能力，包含減少庫存，以及選用內部或外部資源進行生產。

表 5 供應鏈戰略的五個維度

要提升任何一項供應鏈戰略的維度都需要一套具體明確、環環相扣的作為。舉例而言，IKEA 提升資產利用率的作為包括：

- 降低進貨成本：IKEA 採用全球統一採購策略，透過大規模訂單降低單位成本，同時維持高品質。
- 低製造成本的產品設計：IKEA 的設計師和工程師緊密合作，確保產品不僅美觀，還能方便生產和組裝，降低製造成本。

- 運輸成本最小化：IKEA 採用的是可拆卸式設計，可以將家具拆解成零件與板材，能有效節省運輸空間及成本。
- 高效率倉儲系統：IKEA 採用高效的庫存管理系統，結合自動化倉儲技術，以確保庫存充裕，並有效降低庫存壓力與成本。

向 IKEA 購買貨品時常會發生缺貨的情況，並且由於海運的時間長，訂貨後往往要等好幾個月才會到貨，因此也體現了響應度不在 IKEA 的供應鏈戰略裡。

協同加乘，供應鏈戰略新典範

中國快時尚零售品牌 SHEIN 是供應鏈戰略支持價值主張的絕佳範例。

一般的服飾業都是先由設計師設計產品，等工廠製造出大量成品後，再運送到各地門市販售。如果門市很快將衣服賣完了，就會通知工廠繼續生產製造。目前幾乎所有的服飾業都採用這種作法。而 SHEIN 的作法則是完全顛覆市場常態。

SHEIN 的價值主張主打的是快時尚（甚至比價值主張相似的 ZARA 更快），讓顧客用實惠價格買到個性化商品。SHEIN 採用的供應鏈戰略為敏捷度、響應度與成本，具體的作法是用少量訂單快速測試市場需求，再和整個物流暨供應鏈管理做緊

密的協同搭配，及時滿足消費者需求。SHEIN 的供應鏈戰略最創新的五個特點包括：

一、數據驅動設計：SHEIN 不是由設計師發想衣服的樣式，而是從抖音等直播平台取得數據，仿製熱門影片中角色的衣著。SHEIN 在實踐中發現與證明，透過數據洞察消費者的喜好，最能確保成品得以熱銷。

二、快速在市場試驗產品：SHEIN 會在社群平台抖音上請網紅直播穿樣板衣（還不是量產的成品）。當這款衣服有人下單，SHEIN 就開始製造。確保有購買才製作，這就是善用科技節省成本的作法。

三、全供應鏈協同：SHEIN 整合大量小單廠商和供應商高效配合；收到消費者下單後，由供應商專注於生產製造。而所有銷售與物流的作業，則全交由 SHEIN 負責處理。

四、爆款快製：當 SHEIN 偵測到一件商品爆款了，會在第一時間響應資訊給整條供應鏈，許多廠商都優先投入製作該款式，以滿足當前需求。

五、直接配送：SHEIN 沒有中間商進行分銷，也沒有門市進行展示或服務，而是直接將產品配送到消費者家中，降低中間儲貨、店租、人力等成本。

因為這樣的供應鏈戰略，SHEIN 才能達成多樣、便宜又快

The Death of Supply Chain Management
and the Rise of PI

速到貨這三項過去認為不可能同時達成的經營目標。

SHEIN 的 APP 下載量在美國是購物類的榜首，在超過五十多個國家也是 iOS 排行榜的下載量第一名，是新型電商的絕佳典範。這說明了正確的供應鏈戰略才能支撐公司的價值主張。

相反的，如果你的價值主張沒有供應鏈戰略支撐，將會是一場災難。

當供應鏈戰略失準，滿足客戶也只是快速死亡

有價值主張、符合市場需求，就一定會成功嗎？不，如果缺乏正確的供應鏈戰略支撐，絕對無法取得成功。

1996 年，路易‧波德斯（Louis Borders）創辦了一間線上訂購商品的公司 Webvan，主打的是現在常見的電商服務，總部位於美國加州福斯特城（Foster City）。

Webvan 的價值主張是強調任何訂購都可以在三十分鐘內送達。它比美國電商巨頭亞馬遜更早提出線上訂購服務的構想，而它的承諾是 2024 年任何電商都達不到的。這項服務相當具有前瞻性，顯然也符合大眾的喜好——能快點拿到貨，有什麼不好？

在鼎盛時期，Webvan 曾經有三千五百名員工，在美國舊金山、聖地牙哥、芝加哥、西雅圖、亞特蘭大等十多個地區提供

第十八章
打造獨特供應鏈戰略，實現不可替代的價值主張

服務，企業估值超過四十八億美金[13]。

然而，Webvan 因為未充分考量供應鏈戰略中響應度與成本之間的連動關係，服務價格無法反映物流成本，做一單就虧一單，最終無法維持其承諾的服務，只能黯然倒閉退場。

回顧其盛衰過程，Webvan 雖然有明確且符合大眾需求的價值主張，獲得市場喜愛，許多投資人也願意支持，但因為缺乏能夠支持其價值主張的供應鏈戰略而宣告失敗。

如果 Webvan 一開始就正視成本是供應鏈戰略的一環，限縮其價值主張的承諾範圍，只遞送某類產品，批量且定時送達特定社區，而非全類型產品通包，也許它可以存續至今，占據 Amazon 今日的地位。

有明確的價值主張是企業發展的核心，而供應鏈戰略是支撐價值主張的力量，兩者應該要相輔相成，才能讓企業長久發展。

走出訂單思維，在全球市場扎下根基

如果單看 IKEA 或 SHEIN 的產品，以質料、設計感來說都不是最好的，但這並不妨礙他們成為成功企業。他們成功的重

---

13. 資料來源：Brian Yeh, 2016, Grocery Delivery: 2nd Time's the Charm? Instacart vs. Webvan, Harvard MBA Student Perspective

點在於：

- 提出符合客戶需求的價值主張，貫徹到底。
- 完善的供應鏈戰略，穩定實現所提出的價值主張。
- 供應鏈戰略能確保實現價值主張，創造豐厚且長期穩定的利潤。
- 以極佳的上下游協同，支持其供應鏈戰略。

只要企業能夠做到上述四點，步步為營，將可發展出 IKEA 或 SHEIN 那樣享譽全球的企業，不再只能仰賴客戶的鼻息。

成功的企業除了能以價值主張贏得市場肯定，以供應鏈戰略達成外部協同，其內部單位更需要貫徹協同的精神。

第十九章
公司內部更要協同，
研發、財務、業務均要參與

多年前的一次企業培訓中，我以供應鏈專家的角色，協助企業內部各單位，包括採購、財務、物流等部門員工，理解彼此在企業運作中的協作關係，以及他們的作為對彼此的影響。課程結束時，原本互不熟識、工作上常有衝突的各單位同僚竟然走向彼此，擁抱對方，流著眼淚說：

「對不起，過去是我誤會你了。」

「以前都沒有認真聽你們說話，不知道你們的工作有多困難，只站在自己的角度做事，對不起。」

雖然這個畫面令我至今印象深刻，但坦白說，我經常在培訓中看到相似的情況：許多企業內部各單位，明明是同事卻長年缺乏協同，造成許多不必要的對立，甚至常常對公司的經營造成傷害。這樣的案例真的難以勝數。

內部缺乏整合就會互相扯後腿

有一家全球知名企業併購了許多不同品牌以擴張業務量，

The Death of Supply Chain Management
and the Rise of PI

　　原本希望可以透過共同運輸、統一採購原物料來降低成本，卻因為各單位不願互相協同，採購、銷售、物流各自作業，完全無法達到減低成本的目的，讓併購決策難以展現成果。

　　另一家跨國公司內部有四大事業體，包含高級化妝品、平價化妝品、髮廊產品，以及藥局產品。每個人都知道，只要這些事業體之間彼此合作，有太多可以減少成本、增進利潤的方式，但他們卻長期缺乏溝通，各自行事，完全沒有相互支援，只顧著自己部門的 KPI（關鍵績效指標）。

　　這些真的不是特定公司的問題，多數公司都有相似情形：

　　研發部門往往只管產品的效能，沒有充分考量後續的製造及物流。

　　業務部門只顧著成交訂單，常常未先評估物流與生產部門能否按時交付。

　　財務部門只看預算有沒有超支，經常不理會其他部門面臨什麼困難。

　　明明大家都是同一間公司的部門，卻缺乏整體視角，只關注自己部門的需求，就像各自獨立作戰的公司一般，團隊之間非但沒有加乘效果，反而扣分。

　　公司內部要如何走向實體互聯網？各部門該如何改造？我們可以參考國外企業的案例。

第十九章
公司內部更要協同，研發、財務、業務均要參與

研發部門：產品開發預先考慮全流程需求

韓國大廠三星多年前曾邀請我對其研發部門進行培訓。為了確保供應鏈可以快速回應市場變化，我帶領其研發同仁與物流部門及供應商緊密配合，確保上游原物料的供給，以及產品運輸的便利性。

三星從多年前開始就十分重視內部協同，該企業在技術、市占上一直保持領先，絕非僥倖。

負責開發產品的研發部門應該在產品開發的初期階段，就預先思考未來供應鏈所有環節的作業，為其他部門預做考量，例如：

- 研發不同產品時，規畫共用原料與零件，同步採購與運送，以減少物流的辛苦與成本。
- 盡量將產品設計成可以用模組化拆分運送，能最大化運用物流運輸空間，等到達運輸目的地後再進行組裝作業。
- 產品設計時預先考量運送與儲存的便利性，包含如何堆疊、搬運、組裝、卸載，以期更節省空間，方便堆疊。
- 以整個產品生命週期做規畫，融入環保與降低能耗的理念，例如：確保產品報廢回收時可以拆卸，以便回收再生產。

The Death of Supply Chain Management
and the Rise of PI

研發部門在創新的過程中，絕非埋頭造車、關起門腦力激盪，更要和各部門密切協同配合。例如：和前線銷售團隊共享數據，即時取得客戶回饋，精準改良產品，呼應市場需求。

雖然此舉看似為研發部門增加了工作與難度，但如果前期充分協同，進行周全考量，將會確保後續的生產與運輸省下大量資源、勞力，這對公司非常重要。

財務部門：貼近各部門的需求與困難

在實體互聯網的推展過程中，財務部門在報酬率、風險控管的評估上發揮積極的角色，將至關重要。

過去的財務部門，多數時候專注在確保公司的各項專案預算不超支；各部門的工作內容細節，往往被認為不需要財務部門過問。

然而，企業在實體互聯網推動初期，各部門需要投資各種技術、升級系統，以及人才培育，這些行動都會動支財務資源。如果財務人員沒有仔細理解其背後原理、完整估算效益，很可能會低估這些投入的價值，從而成為實體互聯網革新的阻力。

因此在企業推展實體互聯網時，更需要財務部門和各部門充分交流，共同規畫與決策，例如：

- 財務部門與各單位的業務同仁合作，精算每一項變革長期可帶來的成本減少與營收增加，確保財務效益得到完整、正確的評估。
- 對於精算後確定有長期正向效果的方案，應由財務部門在決策層面前基於專業財務觀點予以支持，協助推動發展。
- 實體互聯網變革需要充足的資金支持時，必須由財務部門主導進行相關的融資計畫，協助爭取預算資金。

許多公司裡的財務部門和其他單位之間關係疏離，但這是對公司不利的情況。所有部門都會需要財務人員到作業的第一線理解業務實況。如此一來，公司的財務規畫將可以更貼近各單位業務的需求，對有利的方案給予充分的財務支持。

財務部門的專業是推動公司內部協同不可或缺的力量，財務人員必須幫助公司看得更遠，不只關注短期收支，還要能用更廣的供應鏈戰略角度，協助公司考量長期的經營與成長。

業務部門：倡導傳播新思維的先驅

近年來常常看到一個詞：Evangelist，用來描述那些提倡新觀念、新價值觀或新方案的人，通常可以翻成「倡導者」。而我會說，這就是業務部門的角色。

過去業務部門的主要工作是說服客戶購買產品，增加公司的銷售業績。面對未來，他們的任務將愈來愈不僅如此。

在推展實體互聯網的過程中，必定需要客戶方面的參與配合，而能夠把這個資訊帶給客戶、帶領客戶理解與實踐實體互聯網的最佳人選，就是業務部門。業務同仁可以基於對客戶需求的了解，主動給予客戶適切的建議，例如：建議製造業者要建立 VMI 系統、建議零售商共享數據等。

因此業務的角色絕不只是「賣產品」，必須升級為最理解實體互聯網、最能規畫協同方案的專家顧問。為此，業務同仁必須做好充分培訓，培養實體互聯網思維，未來才能幫助客戶構想實體互聯網實踐策略，打造公司之間的協同方案，為客戶方與本身公司帶來長期利益。

業務部門一直以來的工作任務都是幫公司搶訂單、爭取銷售機會，而未來更重要的任務，是協助客戶導入實體互聯網思維，從協同中受益。這樣的轉型需要公司高層支持業務部門深度改造，升級業務部門的價值。

加強內部培訓，領袖與同仁一起發力

公司內部的部門要加強協同，需要公司高層有志一同，提供人力、資金、時間支持部門改造工程。

第十九章
公司內部更要協同，研發、財務、業務均要參與

首先，由公司核心領導層建立實體互聯網的發展目標，確定企業的價值主張，以及能夠支撐主張的供應鏈戰略。接著要成立跨部門小組，由 IT 部門評估技術需求，建立執行方案，並由財務部門提出成本效益分析。

公司領導層確認方案與企業戰略目標，並對財務預算達成共識後，方案開始推展，同時由 IT 部門提供技術支持。

公司全體經過內部實體互聯網培訓後，研發部門必須和各部門密切合作，從產品開發就考量全流程的需求，並且讓業務部門邀請客戶一起進行實體互聯網轉型。

除了上述提到的研發、財務、業務部門，還有人力資源部門也必須招募全新職位，包含供應鏈架構師、行動客服人員，推動相關的培訓計畫。資訊科技部門則必須做好數據分析及系統整合，提供計畫所需的解決方案。

內部的協同改造是一項大工程。不僅產業鏈上下游的公司之間需要協同；公司部門之間的協同更是進行外部協同的前提，是獲得實體互聯網效益的重要關鍵。公司內部高度協同以後，方能層層推進，向外拓展更多層次的協同，壯大公司的發展。

The Death of Supply Chain Management
and the Rise of PI

第二十章
從個人到世界，
層層協同使價值最大化

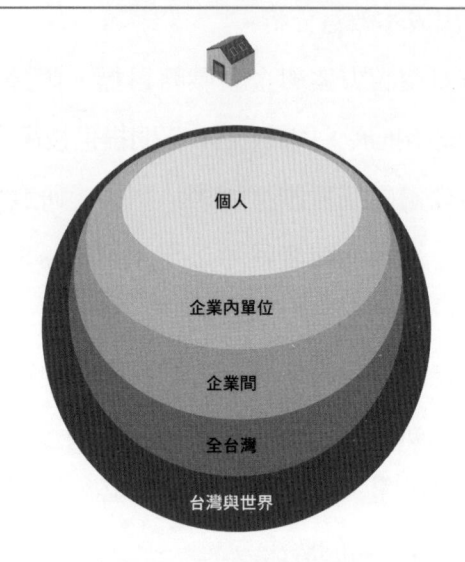

圖 14 產業從內而外層層協同關係示意圖

在前面章節中，我們知道製造業、物流業、零售業要如何建立協同，也了解公司內部部門協同的重要性。以產業體系的視角，我們應該從個人出發，逐層向外，開展企業、台灣，乃至世界等各層次的協同。

如此思考，我們才能確保每個層級的利益一致，達到群體的利潤最大化、個人的收益最大化。

第二十章
從個人到世界，層層協同使價值最大化

接下來的三十年，想要提升價值的個人或組織單位，就要走向實體互聯網，增加從個人到企業，企業到產業，產業到台灣，台灣到世界，各層次的協同。

個人貢獻反映於薪酬，確保協同的積極度

公司高層或老闆在經營企業的過程中，經常會發現多數員工的心態是少做少錯、不做不錯，他們往往會責怪員工沒有企圖心。其實這全是制度的問題。

員工消極沒有動力，一定是因為薪資和員工的具體貢獻缺乏連結。

當員工認為無論做多做少反正薪資都一樣，必定會導致貢獻意願低、積極度低，公司整體氛圍低落。

公司必須全力確保員工的貢獻，以及所有對公司盈利有益的作為，都可以透過薪酬得到回報。只要這麼做，員工積極度必然提升。

例如：當法務運用專業協助業務部門以顯著減少風險的條件接到大單時，就應該給予獎勵報酬。當研發人員開發完成的產品在市場上熱銷，相關人員應得到獎勵。當人資找到好的人才，幫助公司轉型實體互聯網，也要給予回饋。

只要公司有決心，要做到這件事並沒有想像中困難。我

曾經深度考察一間經營成功的公司，親眼看到他們的員工有多麼積極，部門之間主動協作。那些員工當然不是生來勤勞，而是只要努力做對公司有益的事，他們就可以獲得豐厚的薪資獎勵，甚至可以比老闆的薪資還多。老闆肯給，員工就肯拚，這是我真實看見的案例。

當個人的收益目標與公司的經營目標協同一致時，將產生最大動能，這也將是實體互聯網最微觀層面發揮作用的驅力。在個人主動性得以啟動後，下一步將是確保企業內部所有單位能夠同步協同。

企業內部單位之間協同，以終為始

內部單位是整個企業最基礎、必要，而且立刻可以開始協同的地方。具體的執行方式，是做好業界普遍常見的S&OP[14]。S&OP的執行方式始於預估市場需求；接著為了滿足需求，向後端展開一系列作業，包括出貨、生產、人力、原材料採購等，當這些都按部就班完成後，必然能滿足市場需求。

舉個簡單的例子，某間公司的S&OP做出以下安排：

2025年9月全台灣銷售預估：一百噸水果罐頭

---

14. 銷售與作業規畫（Sales and Operation Planning），會在每個週期進行一次規畫，讓公司全體的營運範圍與目標保持一致。

相關部門作業時程：

到貨：2025 年 8 月 31 日，產品送達全台灣各門市

出貨：2025 年 8 月 25 日，產品出廠進入物流

生產：2025 年 7 月 1 日，原料到貨開始生產

人資：2025 年 5 月 1 日，招募人員，確保人力充裕

採購：2024 年 8 月，下單採購水果與馬口鐵

透過 S&OP，各部門得以安排每月、每週需要執行的工作，確保彼此配合協調，絕不會讓水果處理好，鐵罐卻沒到位的情況發生。

當公司確實進行 S&OP，所有內部單位依規畫協同執行，就會像交響樂團一樣，所有工作和諧且精準地完成。若非如此，公司的運作就會充滿混亂。

在導入實體互聯網後，當銷售終端發生任何變化，好比市場需求上升時，所有 S&OP 的參與部門都會跟著自動調整時程，讓協同更加便捷高效。

公司所有工作都要透過 S&OP，進行以終為始的安排，讓所有部門目標一致，同步協同，為公司創造最大價值。

然而，公司內部達到協同還是不夠的，下一步，我們要致力於企業間的協同。

產業的協同：協力配合，一同進化

　　企業內部達成最高的協同，就能創造最大的價值；企業之間也是一樣。

　　同一個供應鏈中的企業，應該實踐「**當作我們是同一間公司**」的概念，全體參與 S&OP，為滿足最終端需求，所有企業一起協同作業。具體的執行方式和前述作法相同，就是以最終端銷售預估往前逆推，安排各家公司在各時間點需要完成的作業項目。

　　例如：零售業、製造業、物流業、上游供應商可以針對特殊節慶協同進行 S&OP，基於預估銷售額，以 VMI 模式做出貨規畫。後續製造商將進行原料採購、生產、出貨等作業。當這些都精準地完成，零售業者在特殊節慶前的銷售旺季中，將會源源不絕收到製造商主動且精準的出貨，滿足每一個顧客的需求，讓整個產業鏈所有廠商的獲利都得以極大化。

　　由於物流業者也參與 S&OP，因此能提前做好相應準備，不用擔心無法滿足短時間且大量的運輸。同時製造業同行之間可以共同參與 S&OP，在產能不足時協力互補，或是一起向上游原物料廠商下單，取得更優惠的進貨價。

　　企業間達到協同還不夠。想要更上一層樓，我們要發展全

第二十章
從個人到世界，層層協同使價值最大化

台灣的協同。

全台灣的協同：找到最新增長點

站在國家的高度，台灣主政者要視整個台灣為一家公司，進行跨領域的 S&OP，以確保長期穩健發展。

將台灣當作是一家公司：向外，要不斷尋找新的外銷機會；向內，則要擴展更有效率的價值生產模式。政府必須基於對未來的預測與需求，規畫最良好的生產環境，幫助企業主順利發展業務。

政府要制定具前瞻性的產業發展政策，就像五十年代為輕工業奠基、七十年代為電子業奠基、九十年代為半導體產業奠基一樣。現在台灣政府就該為 2030 年代，甚至 2050 年代的支柱產業進行構想與準備，現在就開始讓前瞻企業逐漸形成聚落，屆時它們將可成長為強大的產業集群。

接下來，政府要促成產業、學術、校園之間的資訊透明與協作，讓研發成果支持前瞻產業發展，符合需求的人才也能及時提供企業發展所需。在協同思維下，台灣這家公司將可以依據未來情境的變化，快速修正策略、優化方案，建立強韌的國際競爭力。

然而，光是全台灣內部的協同還不夠，台灣的下一步，必

The Death of Supply Chain Management
and the Rise of PI

須發展與全世界的協同。

台灣與世界的協同：實質合作取代名目建交

當前台灣推展國際外交的 KPI，仍然著重於名義上的邦交。然而，台灣更應該將重點擺在與全世界緊密連結的國家、地區、機構建立 S&OP 式的合作關係。

對於台灣的外銷市場，包含對台灣產品有潛在需求的地區，必須建立更直接且暢通的反饋機制，以快速得知市場需求，打造更穩固的長期合作。

對於供給資源的地區，包含取得原料、零組件、科技、人才的地區，必須搭建更緊密的外貿聯繫，確保持續獲得資源，並給予優厚的回饋，確保雙方關係平等而互惠。

無論對外銷市場或資源產地，與國際貿易夥伴建立實體互聯網的接軌，必然是台灣的外交策略要積極投入的目標。很快的，實體互聯網的接軌就會像海纜將台灣與世界網際網路相連一樣重要。

台灣真實的外交考驗並非外交館舍的名稱，而是台灣在國際分工體系嵌入的位置與程度。讓全世界更需要台灣的產品與服務，台灣也能長期穩定地供給，這才是真正的國際地位。

第二十章
從個人到世界，層層協同使價值最大化

整體價值最大化，薪酬是個人公平回報

最完整的協同是從內向外層層遞進，每一層都向外提供價值，向內整合行動，並且提供公平的回饋。

從世界的協同，到整個台灣的協同，再到產業體系的協同，以及企業內部的協同，最後到個人層級的協同，每一個層次的協同，都會產生相應且更多的價值。只要打通協同的思維，無論你是部門主管或企業領袖，都會發現身邊有無窮無盡的獲利機會等待挖掘。

接下來，由於實體互聯網開始發展，每個層次的供應鏈協同都會加速。國家與地區之間合作的摩擦力將減低，資訊接軌將使生產更為高效，貨物運輸的成本將不斷下降，企業將得到更豐厚的利潤。

在區塊鏈支持的拆帳系統中，每個企業、每個人對於利潤的貢獻都將得以清楚精算。當企業利潤上升時，有貢獻的個人將隨之得到報酬。

在創造富裕的同時，實體互聯網將帶來貢獻與報酬緊密對應、更加公平的世界。

這些願景都不是遙遠的願望，而是現在進行式，許多國家已經在加速發展中，台灣必須迎頭趕上。

第四部

台灣走向
實體互聯網之路

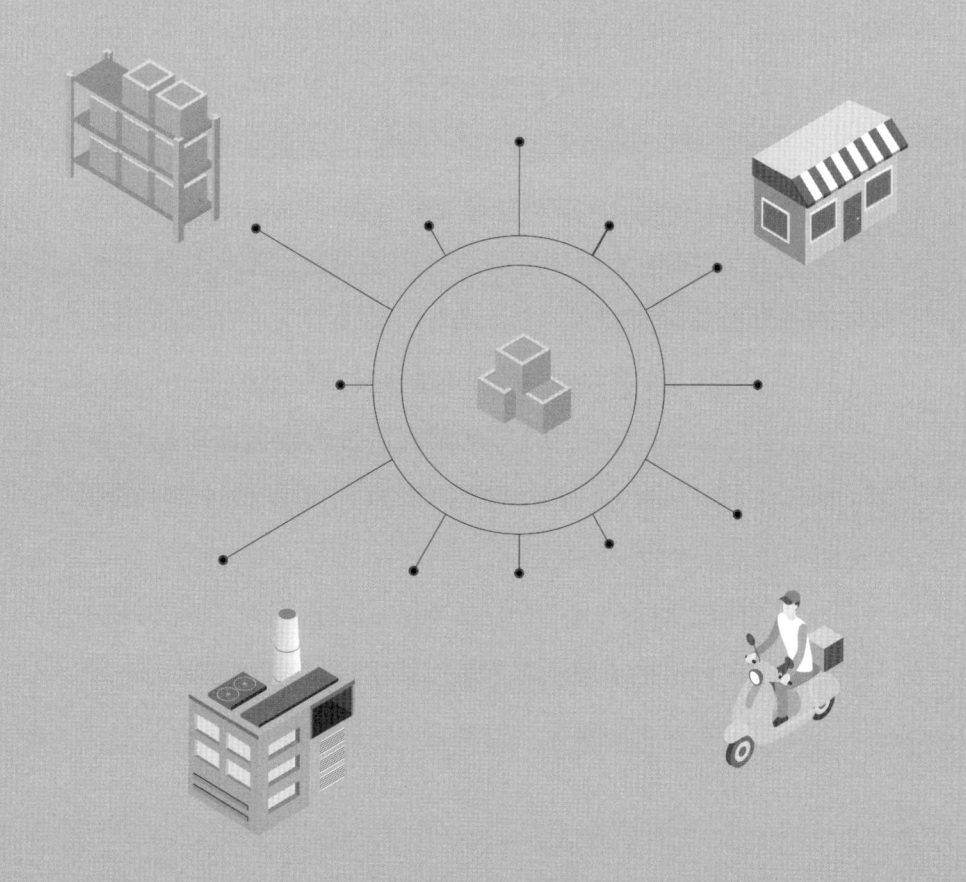

The Death of Supply Chain Management
and the Rise of PI

第二十一章
歐美與日本的最新發展，
具體應用的實例

2024 國際實體互聯網大會，最先進見解交流

　　台灣該怎麼做，才能順利接軌實體互聯網的未來？近年來，這是我想了千百回的問題。帶著這個問題，2024 年 5 月底，我飛越半個地球，到美國喬治亞州薩凡納（Savannah），參與第十屆國際實體互聯網大會「IPIC 2024」。在此盛會中，來自世界各國的頂尖專家交流實體互聯網最先進的理論與實踐。

　　我以 IPIC 2024 大會講者的身分代表台灣出席，並帶著台灣所面臨的現況與課題，與各國專家交換意見。在準備前往之時，我滿心期待；而在大會中，我的收穫遠遠超出預期。

　　在 IPIC 2024 的議程中，「歐洲物流暨供應鏈創新協同聯盟」祕書長 Fernando Liesa 的專題演講分享了歐洲發展十年的現況分析，以及正在解決的難題。

　　「日本實體互聯網中心」（Japan Physical Internet Center, JPIC）主席 Takayuki Mori 的專題演講，則分享日本推動實體互聯網的進

第二十一章
歐美與日本的最新發展，具體應用的實例

度；我從中獲得非常適合台灣借鏡的經驗。

美國則有 MiTek 企業副總裁 Todd Ullom 現場演講，講述營造業是如何運用實體互聯網幫助企業節省成本、增加利潤。

參與大會的過程中，我深受震撼與感動。實體互聯網真的已經在全球崛起，歐洲、美國、日本都是全國總動員，集全國之力在推行，讓身為台灣代表的我深感責任重大。

以下我將這些國家的分享重點匯整，並分析其中台灣能借鏡的發展方向。

圖 15 我參與國際實體互聯網大會「IPIC 2024」的討論過程

The Death of Supply Chain Management
and the Rise of PI

美國：營造業借鏡實體互聯網，運用模組化製作

美國的實體互聯網發展非常具有美國特色：幾乎沒有官方主導，是從供應鏈自主優化不斷漸進發展而來，屬於由下而上的發展案例。

美國的實體互聯網發展是由喬治亞理工學院的實體互聯網中心主要負責推動，Benoit Montreuil 教授是其中的核心成員。Montreuil 教授是實體互聯網領域開山元老級的學者，主導此領域研究二十餘年。他二十年前就提出以「全通路供應鏈」（Omni-channel Supply Chains）推動「超連結製造」（Hyperconnected Manufacturing），如今已一一在實體互聯網中實現。

喬治亞理工學院長期和企業進行產學合作，由企業提供實務場域，學院則提供研究能量，幫助大型的物流公司、貨主、企業尋找解決方案。而這次代表美國參與大會的企業是一間營造公司 MiTek。

「實體互聯網一向運用在製造業為主，應用在營造業的案例，至今我還很少聽到。」演講前我聽著周遭參與者低聲私語，那也正是我當時心裡的感受。然而，這場演講向所有聽眾證明：實體互聯網運用在營造業也能帶來極高效益。

長期以來，世界各地營造業的工作實況，都是將大量不同

第二十一章
歐美與日本的最新發展，具體應用的實例

專業的工作者集中到工地案場進行施作。即使是相同公司，不同工程案場之間，通常缺乏相互合作聯繫，更沒有共同採購、協同運輸的習慣。

因此每個案場的施作都需要耗費巨額成本及人力，工作效率低。例如：將混凝土倒入模板（澆注）後，必須等待好幾週的時間讓混凝土硬化與穩定，達到所需強度；大量成本就在等待中空耗。

而美國營造業者 MiTek 採用了實體互聯網思維，藉此省下大量工程時間。他們使用的方案包含：

一、增加標準化的預鑄模組：運用預鑄模組可以減少在現場澆注混凝土的等待時間；直接在工廠製造模組後，到現場安裝，能縮短整體施工的週期，增加效益。

二、建立區域化管理中心：以往是以案場為一個管理單位，而區域化中心則能同時管理多個案場，統一調度案場施工人力，並進行集中式的採購、調度、原物料共配。

三、集中管理達到降低成本：跨多案場進行供應鏈整合，可以為企業帶來更強勢的採購議價權、更有效率運用人力資源；共配運輸則能大幅減少運輸成本，降低碳排。

MiTek 採用的新方案，一改營造業原本以案場施工為主的作業方式，不但走向「製造業化」，而且以實體互聯網思維，大

The Death of Supply Chain Management
and the Rise of PI

幅節約人力、資金、運輸等各方面成本。

從台灣視角檢視美國實體互聯網的發展歷程，可以看出學術界與企業界的緊密協作，在企業現場實踐學界創新，是長期發展最穩定的推動力。

歐洲：歐盟主導推動，以多式聯運解決人才短缺問題

如果要問全球發展實體互聯網最成熟、最完整的經濟體是哪個，必然是歐洲無疑。

2013 年，「歐洲物流暨供應鏈創新協同聯盟」在歐盟贊助下成立，是全球目前發展最完整、成熟的實體互聯網組織，歐洲各國的政府、學術、企業皆已長期且深度參與其中。

此聯盟成立有兩大目的：其一是解決整個供應鏈人才短缺的問題，例如：缺乏物流運輸的司機；其二則是走向淨零、減碳。

「歐洲物流暨供應鏈創新協同聯盟」推動實體互聯網十餘年來，成果極其顯著。例如：積極發展跨企業驅動共同配送的數位平台，並且積極推動數據標準化，以增進企業之間的合作協同，提升效率。

在人才短缺方面，因為歐洲多年來缺乏貨運司機，因此該聯盟推動鐵路加上公路的混合運輸模式，稱為「多式聯運」，由

鐵路負擔大部分運能，也就大幅減少對公路運輸的需求。此舉不但削減人力需求，並能降低碳排。

在淨零、減碳方面，在該聯盟的積極推動下，歐盟已經推出法案以呼應實體互聯網。他們也極力推廣可重複使用的標準化容器，能為參與方案的企業減少 20% 的碳排；據調查，目前有超過 80% 的接受度。

「歐洲物流暨供應鏈創新協同聯盟」的案例，帶給我三個對台灣極具價值的啟發：

一、台灣需要成立與「歐洲物流暨供應鏈創新協同聯盟」相似的協會，擔任產業、政府、學界與研究單位之間的溝通橋梁，並邀集更多機構參與實體互聯網的實踐。

二、協會做為聚集有共同理想的專家與組織的第三方機構，將適合推動硬體、數據標準化，建立數位平台，加速實體互聯網發展。

三、歐洲推展實體互聯網十年就有豐碩成果，台灣不但沒有歐盟複雜的國界，地域也更小，加上站在巨人的肩膀上，發展必然更容易。

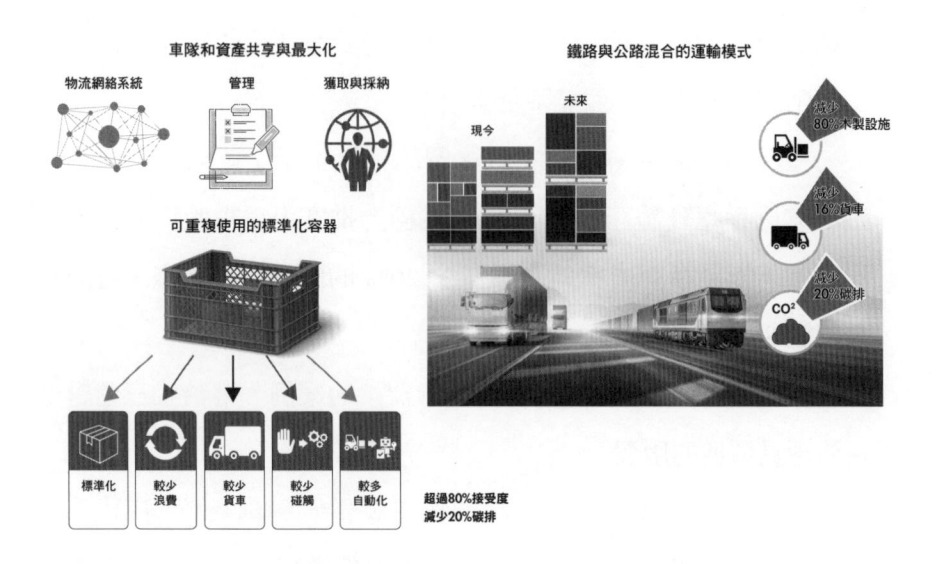

The Death of Supply Chain Management
and the Rise of PI

圖 16 「歐洲物流暨供應鏈創新協同聯盟」十年來的發展成果，包括推出可重複使用的標準化容器，能減少容器浪費和運輸成本，效果極佳

日本：政府組織主導，訓練三千名供應鏈架構師

「日本最初會發展實體互聯網，是因為沒有足夠的司機運輸貨物。」日本實體互聯網中心主席 Takayuki Mori 在演講中提出令人憂慮的數據：

2024 年缺少 14 萬名司機，2027 年將缺少 24 萬名司機

2024 年缺乏 14% 貨物運能，2030 年將擴大至 34%

「這些問題將導致貨物無人可運輸，慢慢的，日本經濟會

逐漸發展停滯。而實體互聯網正是解方，是關乎日本前途的方案。」Takayuki Mori 表情凝重地分享日本近年大力投入實體互聯網的背後原因。

日本的發展方式和美國迥然不同，是由政府從上而下指導推動。例如：日本由經濟產業省、國土交通省、日本政府觀光局等政府部門共同組建跨部會的委員會，以推動實體互聯網的發展。

日本還通過國會立法，強制要求達到一定規模的企業，必須設置運籌長（Chief Logistic Officer, CLO）的職位，其功能類似前面章節提過的「供應鏈架構師」。這項職位的工作者要運用實體互聯網思維，架構企業的物流暨供應鏈管理。

未來日本打算和喬治亞理工學院合作，建立實體互聯網的培訓學校，透過具有公信力的認證體系，培育企業亟需的運籌長（供應鏈架構師）。

目前有多間企業參與組成，包含製造、零售、物流、資訊公司共同成立了「日本實體互聯網中心」（JPIC）。極為權威的商貿研究機構「經濟產業研究所」（Research Institute Economy, Trade & Industry, RIETI）也正進行實體互聯網相關探討。

日本和台灣一樣是島國，經濟體系相似，是最適合台灣借鏡發展的國家之一。從日本的案例中，我看到三個適用於台灣

The Death of Supply Chain Management
and the Rise of PI

的啟發：

一、台灣政府必須擔任主動推展實體互聯網的關鍵角色，並以立法方式推動企業往前發展。

二、企業應與專業機構合作培養與任用供應鏈架構師，深入調整企業的物流暨供應鏈管理體質。

三、要有培育人才的機構與認證制度，才能為企業發展實體互聯網的過程，提供源源不絕的專業人才。

產業類別	公司名稱
製造業	Daifuku、Teijin、豐田自動織機、YKK、Nissin 日清食品、Takisawa、Daikin
零售業	AEON
物流業	Logisteed、Nissin、Nippon Express、JR、Yamato Transport、Sankyu、Souco、Otsuka、Imoto Lines、SBS、Nissin 日新
資訊業	NEC、Ascend、Fujitsu、aidiot
其他	NRI 野村綜研

表 6 日本實體互聯網中心的企業會員名單

第二十一章
歐美與日本的最新發展，具體應用的實例

借鏡全球經驗，台灣推動實體互聯網需多方協力

在IPIC 2024大會中吸取各國的實戰經驗，適合台灣的實體互聯網發展藍圖已逐漸清晰。

我更加確信實體互聯網是產業轉型、全面提升競爭力的關鍵，而且在世界各國已實踐應用。台灣發展實體互聯網需要各方的協力參與，其中以這四個層面最為關鍵：

一、政府要擔任實體互聯網關鍵的領導者，以加快企業認知與參與的速度。同時必須建立跨部會的組織，以協調各方需求，並建立法源做為支撐。想要知道更多細節，歡迎翻閱下一章。

二、在歐洲與日本，有志發展實體互聯網的企業、單位結盟組成第三方機構，共同討論實體互聯網的進程，並且擔綱主導社會溝通、執行專案，以及建構數位平台。台灣也需要建立相應的機構組織。在第二十三章中，我會分享建立第三方機構的方針。

三、企業必須做好準備，積極參與及導入實體互聯網，增加公司部門間、跨公司的協同，並運用新技術改善公司運作。讓我告訴你一個好消息，這麼做可以快速增加利潤與競爭力。想知道怎麼做，就翻到第二十四章。

四、台灣需要有人才培育機構，用以傳遞實體互聯網的知識與應用，為企業培育所需人才。這方面可以借助喬治亞理工學院的學術資源，建立完整學習路徑與認證制度。而這部分將寫在本書最後一章，相信也會讓讀者有最大收穫。

回程飛機上，我不斷回想 IPIC 2024 大會的交流過程，收穫豐富，也迫不及待地想要將各國的寶貴經驗帶回台灣推動發展。

第二十二章
夢的最佳實踐地，台灣發展藍圖

實體互聯網的夢，台灣最有機會成真

在 IPIC 2024 會場，我看著美國、歐洲、日本等國家展現實務案例，都已經有相當的成果，制度已上軌道，也在不少企業中商用。對比之下，台灣許多企業仍固守傳統接單思維，政府也才開始啟動，使我相當憂心。

然而，當我向各國談起台灣時，他們卻對台灣的未來發展非常看好：

「要在台灣推動新的物流暨供應鏈管理體系，比幅員遼闊的美國、歐盟容易許多。」

「台灣有良好的基礎設施，人口密集，加上全島交通便利，還有覆蓋全台的網路，光是這幾點就非常適合發展實體互聯網。」

在中國內地發展實體互聯網多年的物界科技公司創始人田民曾說：「台灣有希望在實體互聯網實踐方面後來居上，領先世界！」

The Death of Supply Chain Management
and the Rise of PI

他們的樂觀態度激勵了我。IPIC 2024 結束返台後，我綜合各國發展經驗，規畫了台灣發展實體互聯網的藍圖，將可做為公私部門規畫自身策略的基礎。

建立短中長期發展目標，持續迭代優化

從現在到 2030 年之間，將是實體互聯網發展的短期階段；在這五年間，發展實體互聯網的企業將能提升效率、快速增加利潤。

具體的作法是：政府需要建立硬體與運輸設施的通用標準，讓貨物可以在不同運具、物流企業間無縫轉移。如此一來，物流運輸效率、交付產品給客戶的速度都將能大幅提升。

接下來，必須整合各企業、各地區的硬體，包含物流車、倉庫，建立跨企業共用的物流樞紐與配送中心，推動同業競爭者之間合作運輸共配貨物，以達成最短運輸時程、高滿載率的目標。

第二階段將是 2031 至 2040 年，屬於台灣發展實體互聯網的中期，優先目標是建立穩定、抗風險、具高度韌性的運輸體系。

在此期間，我們必須加強企業間的數據共享，包含硬體、車輛、倉庫的數位介接，並建立數位平台，依共同協議的演算

法制定運輸路線，持續優化配送效率。

2041 至 2050 年將是台灣發展實體互聯網的長期階段。此時，永續、淨零、低碳排的成果將能明確顯現。

在此之前，政府需要制定並落實環保規定，包含友善環境的運輸與包裝方式，減少物流所產生的碳足跡。在資源運用上必須更有效率，才能降低對環境的負擔。

在下頁表格中，我建立了短、中、長期的發展目標與施行細節。每個階段都包含知識學習、具體應用，以及擴展創新，而這些都需要政府與企業合作推動發展。

組建跨部門團隊，中央政府帶頭

在 IPIC 2024 大會中，我從日本與歐洲的經驗中深刻學習到，我們需要由政府領導發展才最事半功倍。因此實體互聯網的發展應該由立法開始，我建議立法院訂定條例專法，而以下四點是條例中最重要的組成環節：

一、設立基金會：政府部門應與民間重點物流（運籌）產業公協會共同募集資金，設立基金會組織；基金會將以發展國內物流產業基礎設施，以及產業資訊化、自動化、綠能化之技術引進為運作宗旨。基金會也應積極與國際運籌產業合作，使國內物流（運籌）產業的運作與國際物流運籌產業之發展相結

階段	2024-2030	2031-2040	2041-2050
目標	效率	韌性	淨零
知識應用創新	1. 標準化：制定包裝、容器和運輸基礎設施的通用標準，以實現貨物在各種運輸方式之間的無縫轉移。 2. 建立無縫互聯的物流樞紐和配送中心網絡：促進貨物流通，避免不必要的處理或延誤。 3. 最後一哩交付解決方案：制定創新的最後一哩交付策略，以提高效率並減少城市地區的擁堵。 4. 教育、觀念與涵養：提高利害關係人和公眾對智慧互聯網概念的好處和可能性的認識。	1. 載體、空間、數據和資訊共享：利用數位技術即時收集和共享出貨、庫存和需求數據，藉以匹配和置換載體、空間，並提高使用率可視性和協調性。 2. 效率與優化：實施人工智慧、大數據演算、雲端技術和區塊鏈，優化路線規畫，最適化庫存管理，彈性配送。	1. 永續實踐：訂定環保和永續的運輸方法和包裝，以減少物流的生態足跡。 2. 協作物流：訂定不同利益關係人（包括托運人、承運人和物流提供者）之間的協作方式，導入政府資源以優化資源的使用並減少低效率。 3. 建立分布式能源網：提升能源使用效率、確保供電穩定性、降低碳排放，實現更加靈活的物流暨供應鏈管理模式。

表7 台灣發展實體互聯網的目標與時程規畫

合，以提升國內物流產業的國際化發展。

　　二、專業人才養成與考選：物流、運籌產業需要養成的人才包括基礎作業人力與經營管理人力；前者於職業教育學程中進行培育，後者於高等教育學程中規畫養成。由於物流（運籌）產業關乎國家競爭力，應於全國性公務人員考試設置物流（運籌）管理人員，為公務體系培養人才。

　　三、尖端發展資訊引入：為強化資訊化、自動化、綠能化及管理技術引進與移轉，前述由政府捐助設立的基金會應整合並蒐集相關產業發展資訊，提供政府與學界進行管理與研究，並配合提供技術輔導。政府應與國際性的物流運籌產業專業訓練機構進行合作，對國內物流（運籌）產業的人員進行訓練，就其合作之專業訓練機構所發給的證照予以承認。

　　四、物流產業硬體革新：政府部門應以專案補貼、減稅等方式，鼓勵物流運籌產業進行以下方面的優化：

- 回收再使用包裝物件。
- 輔導改善各項物流運籌載具的效率與效能。
- 促進倉儲設施的建設或運作朝節能、綠能、減碳等方向改善，以達成資源節約與循環利用之目標。

　　台灣要發展實體互聯網，需要整個產官學研配合，訂定專法，讓各層政府、各專責部門，在法條規範與指導下逐步推動

The Death of Supply Chain Management
and the Rise of PI

台灣發展藍圖。

上述提到實體互聯網將涉及多個政府單位的職責，需要組建一個跨部門的協調單位負責統籌相關業務，此單位可以稱為「智能物流及供應鏈委員會」。此委員會裡可匯集不同部會的專業人才，協力解決物流暨供應鏈管理的跨領域難題。

公部門協同，成為產業發展助力

若由中央政府積極帶領，將為台灣實體互聯網的發展打下極佳的基礎；下一步，各層級、各類型的公部門單位必須接棒，包含地方政府、大學與研究單位都必須共同協力推動。

一座虛實整合的實驗孵化基地將在台灣建置營運，成為實體互聯網的教學與培訓場地，並與鄰近大學緊密共同合作。

目前已有地方政府積極爭取建置實體互聯網實驗孵化基地，也正在與最有意願共同推動的城市共同規畫中。目前規畫實驗基地將鄰近大都會區，人才充足，並倚傍中大型商港，擁有完整的基礎設施，是重要商貿轉運節點，相當適合建設實體互聯網實驗場域。

其他的地方政府也應該跟進，整合轄區的資源，包含海空港、交通設施、學研機構，共同推動實體互聯網。

在各大學裡，需要設立更優質、有效的課程，幫助大學人

才了解業界實況。台灣許多大學都有物流與運輸相關科系,但恕我直言,其中許多課程與業界嚴重脫節。對學生、業界、學界三贏的方案,是和美國喬治亞理工學院建立更多合作,引進國際認可的課程架構、認證制度,為企業培養未來所需人才,而這也將可以讓學校在招生競爭中受益。

在研究單位方面,工研院、資策會等機構是台灣技術與創新的重鎮。實體互聯網有許多技術課題仍有待克服,例如:數位孿生的技術開發、跨公司共配派車的平台系統,以及可重複利用容器的設計與製造等,這些都是實務上的需求,有待研究單位解題,幫助企業跨越難關,打造台灣優勢。

政府打造條件,民間衝鋒開拓

對比其他幅員遼闊、內部分化大的國家,台灣不但有優良的基礎設施與資源,還有優秀的人才,相當適合發展實體互聯網。這些條件是許多國家羨慕而不可得的,我們可別浪費了台灣的這些好體質。

台灣應該要將實體互聯網的發展,當成國家層級的策略進行重點推展。國家需要整合產官學研的能量,組建跨部門的協作團隊,為企業的發展打造條件。

歷經我數年來的推動,在立法方面,我們已經有初步的條

例草案,而相關的協會與基金會也已經組建完成。人才培育方面,我也已經完成課程規畫,並且預計在今年創校,為企業培育新時代的物流暨供應鏈管理人才。

政府單位已經做好準備,接下來,民間單位就可以向前衝鋒!

第二十三章
實體互聯網核心推動主力：
獨立第三方機構

實體互聯網推手，各國第三方機構

多年來，在我研究物流暨供應鏈管理轉型課題的過程中，不斷看到各國都有民間機構擔任實體互聯網的主要推動者。在 IPIC 2024 中，我也與各機構領袖深入對話交流。例如：

歐洲的「歐洲物流暨供應鏈創新協同聯盟」是目前全球最完整成熟的實體互聯網機構，以推動供應鏈的減碳淨零為目標，他們是由供應鏈相關公司、跨學科專家組成，歐盟則是其主要贊助者。

日本有獨立的經濟產業研究機構「經濟產業研究所」進行知識開拓，和跨產業大型企業組成的「日本實體互聯網中心」進行業界的整合與實踐。

美國有喬治亞理工學院的實體互聯網中心主力推動，是前述提到實體互聯網之父 Benoit Montreuil 教授任教的學校。學校推行過多項產學合作，許多研究成果已經廣泛用於汽車、製

The Death of Supply Chain Management
and the Rise of PI

造、零售、科技、交通運輸產業中。

中國則有上海虹橋區政府與企業家田民建立的「中國實物互聯網聯盟」正在積極推動，目前共有兩百多家機構或企業人參與，積極嘗試與創新。

我長期關注這些組織發展，也在大會上向他們請教。綜合各國經驗，第三方組織的重要職能包含三個方向：

一、開啟社會對話，推廣實體互聯網願景，邀請產官學研各領域的機構加入成為會員，蒐集各方見解，為未來更廣的合作協同打基礎。

二、集結會員的意見，逐漸擬定未來推動實體互聯網的共識，做為未來發展建立協議的基礎。

三、協會中有高度共識的成員，共同出資設置推動實體互聯網發展之基金會，以規畫及執行具體專案。

依循各國相關組織的發展路線，台灣想要發展實體互聯網，必然需要第三方機構協助推動。

協會聚集有志之士，由基金會推動專案

參考歐美日的歷程可知，台灣必須建立專職**協會與基金會**以推動實體互聯網。而協會和基金會，兩者職責有何不同？

協會的核心功能為聯繫與交流，而基金會的職責則是執行

第二十三章
實體互聯網核心推動主力：獨立第三方機構

具體方案。兩者定位不同，相輔相成。

協會有多種跨領域的會員參與，包含零售業、製造業、物流業、電商、金融業、政府等，是基於對實體互聯網的共同願景而組成。協會將討論各種物流暨供應鏈管理的議題，逐漸凝聚共識，從而成為基金會執行的專案事項。

協會的職責重大，是實體互聯網的發展核心，因此參與的會員都將會是各領域的業界領導者。第一波邀請參與協會的機構成員如下方表格所示，目前已得到他們的支持認同。

行業別	業者名稱
零售業	全聯
生活用品業	寶僑
冷鏈食品業	麥當勞
電商	蝦皮
航運業	長榮、陽明、萬海
物流地產	物流共和國
金融業	國泰
政府	交通部
協會	貨運協會、空運協會、海運協會、物流協會、台灣包裝協會、美國 SOLE 國際物流協會

表 8 初步擬定的協會參與者名單

The Death of Supply Chain Management
and the Rise of PI

創新專案的孕育之地：基金會

基金會將負責推動實體互聯網的實驗性專案，也是將技術創新實際應用的場域。以下舉四個未來將執行的專案內容：

一、VMI 模式出貨系統

本書反覆提到的 VMI 模式出貨系統，非常適合透過基金會發展推動。此系統中，由製造商主導下單及補貨，其決策將整合銷售數據、消費者資訊、訂單週期變化等多樣數據，以 AI 演算法做出精準需求預測。系統能以訂閱方式租用，業者不必花費巨資自行建置，能為業者減少成本壓力。

二、Airbnb 模式分享倉庫

任何人家裡若有多出來的房間，就可以透過 Airbnb 短期出租——這已是證明成功的運作模式。Airbnb 的模式顯然也可以運用在物流暨供應鏈管理上。基金會可以建置平台，整合台灣公有與私有倉庫，標示出租費率、設備特性、空間大小等資訊，提供有需要的企業短期租賃使用。如此一來，企業將不必以高額資金購買並持有倉庫，將減少大量成本。

三、實驗沙盒

沙盒的意思是在安全、可控的環境下進行創新實驗。預計未來基金會將建立一個結合生產、倉儲、運輸的實驗場域，提供充足的軟硬體及資源給技術開發團隊使用，以協助孵化各種實體互聯網相關的創新事業。

四、台灣智慧物流暨供應鏈學校

未來我們會成立一所學習實體互聯網的學校，培育當前亟需的人才。這部分細節可參閱本書第二十五章的內容。

基金會的功能就像是一座實體互聯網新創公司的培育基地。由協會凝聚人脈、見解、資源，支持基金會執行各項專案，合作打造實體互聯網發展的良好環境。

從發芽到茁壯，台灣獨立第三方機構成立

設立台灣第三方機構的構想並非紙上談兵，而是早已在進程之中。

2023 年 9 月 26 日，美國 SOLE 國際物流協會台灣分會（我是該會的理事長）舉辦「台灣 PI 實體互聯網暨永續高峰會」，現場與會者及企業人士多達一百五十名，來自各行各業。

美國喬治亞理工學院教授、實體互聯網創始人 Benoit

Montreuil 特別從美國來台灣，在會中發表專題演講，並與台灣政商高層交換意見。中國順豐快遞 CTO 同時是物界科技 CEO 的田民董事長，和艾立運能的林炫伯總經理，皆深入地分享實體互聯網的運用與思維。

前面提到的「台灣智慧物流暨供應鏈學校」已確定在 2025／2026 年開辦。初期將召集六十名年輕人參與培訓專案，由三十個企業出題，年輕人以學到的技術提出解決方案。長期而言，將提供多型態的實務專案課程，幫助學員發展能力以解決企業運作的實際難題，並取得供應鏈管理師等資格認證。

2025 年是實體互聯網的發展元年，在協會廣泛進行社會聯結、基金會專注推動專案之下，將集結資源、共同發力，幫助新思維快速在台灣普及，並取得可實際應用的具體成果。

而在實體互聯網大環境逐漸形成的過程中，正是各別企業重新調整策略的最好時機。長期而言，是為接軌新模式奠定基礎；短期而言，將能快速提升利潤。

第二十四章
卓越供應鏈：
深入公司，挖開潛在礦藏

接單思維走不遠，要能主導企業命運

每當我和台灣中小企業主談論最新發展趨勢，問他們最近公司有哪些新的開創時，他們總是會回答：

「公司有單做就好，沒想那麼多，我們十幾年來都是這樣穩紮穩打。」

「客戶要我們做什麼就做，雖然毛利不高，但起碼公司還養得起人，就不要得罪客戶。」

每次聽到這樣的回覆，我心裡都為他們感到憂慮。「這樣的經營模式無異於讓客戶掌握自己的生死。若市場變化或客戶變心，公司豈不是立刻陷入絕境？台灣企業很有潛力，不該妄自菲薄。」

其實每個被客戶指揮操控的企業，都可以選擇主導自己的命運；對我來說，這就叫做：**追求卓越**。要這麼做，就必須深度潛入供應鏈底層進行挖掘，找到公司的潛在價值，持續優化

The Death of Supply Chain Management
and the Rise of PI

及擴大。長期而言，這樣的作為也能讓公司接軌實體互聯網的願景，建立堅實的發展基礎。

過去多年擔任供應鏈顧問的職涯，我累積很多經驗，協助大型企業導入「卓越供應鏈方案」，擺脫傳統接單思維，挖掘公司潛在的利基點，重整公司經營策略，達到點石成金、脫胎換骨的效果。

這樣說也許有點抽象。讓我用一個實際的案例說明：「卓越供應鏈方案」如何讓一間公司的營業額爆增百倍。

「卓越供應鏈」導入，營收翻百倍

相識已久的梁總經理（化名）來到我辦公室。她多年來服務於睿麟科技集團（化名）下的物流處，睿麟是極為知名、規模龐大的製造業集團，年營收在全球是同業前三，控股數十間子公司。

讓我印象深刻的是，平時氣定神閒的她，那天語調卻充滿焦慮：「不久前，我服務的物流處被集團總裁要求改組設立為耀麟公司（化名）。雖然我從處長「升格」為總經理，卻開始要背負業績壓力──過去睿麟科技集團所有部門、子公司都預設由我們物流處服務，但現在成立公司後，必須向舊客戶提案，也要面對同業低價競爭。

第二十四章
卓越供應鏈：深入公司，挖開潛在礦藏

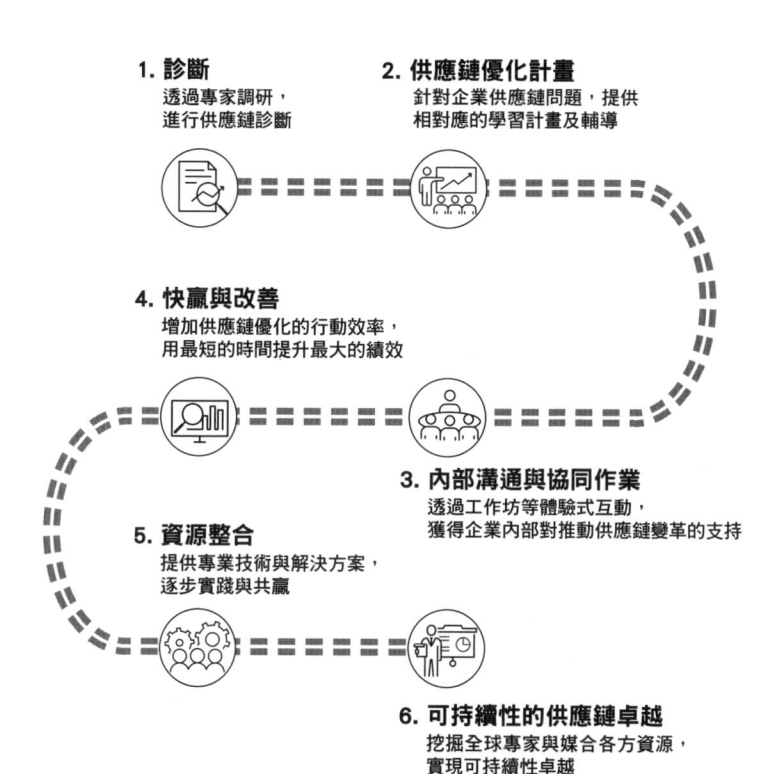

1. 診斷
透過專家調研，
進行供應鏈診斷

2. 供應鏈優化計畫
針對企業供應鏈問題，提供
相對應的學習計畫及輔導

4. 快贏與改善
增加供應鏈優化的行動效率，
用最短的時間提升最大的績效

3. 內部溝通與協同作業
透過工作坊等體驗式互動，
獲得企業內部對推動供應鏈變革的支持

5. 資源整合
提供專業技術與解決方案，
逐步實踐與共贏

6. 可持續性的供應鏈卓越
挖掘全球專家與媒合各方資源，
實現可持續性卓越

圖 17 發展「卓越供應鏈」的路線圖，其中有六項施行步驟
接地氣的教練式服務將有助企業形成卓越的供應鏈競爭力

The Death of Supply Chain Management
and the Rise of PI

「我突然發現,如果削價競標,我們的利潤就低得可憐,無法向母集團交代。如果不砍價,別說新業務,舊客戶都要拋棄我們了。Shelton,你說我該怎麼辦?」

「沒問題,交給我吧!」我點了點頭,決定幫她解決困難。

我與團隊提出「卓越供應鏈」的輔導方案,透過六個步驟,協助耀麟公司找出被忽略的優勢,進而擬定體質升級的策略。

一、診斷:盤點資源,發掘公司的潛藏機會

首先,「卓越供應鏈方案」的第一個步驟是「診斷」。我們會盤點公司的業務與內部現況,從中找到潛在的利基點。

我告訴梁總:「我們必須先評估物流公司擁有的資源,了解具體的工作流程。」於是她詳細向我們介紹當前公司營運的方方面面。

在聆聽過程中,我注意到一件事:「睿麟集團向供應商下訂單時,廠商手上好像普遍沒有足夠現金可以買原料,是嗎?」

「確實是,所以廠商都要去跟銀行貸款,但是這些廠商知名度不高,可以借到的錢有限,而且利率普遍都很高。」梁總回答。

這時我已經看到耀麟公司經營上的潛藏機會。「銀行對這些廠商核貸意願低、利率高,是因為他們不是知名公司,銀行不確定他們的業務狀況與還款能力。如果耀麟公司代表睿麟集

第二十四章
卓越供應鏈：深入公司，挖開潛在礦藏

團，向銀行提出下單合約做為證明，銀行是否會大幅提高貸款意願？」

梁總經理一邊思考、一邊點頭。

我開心地告訴她：「梁總，我們找到切入點了，這不僅將可以提升你們爭取業務的優勢，甚至可以創造新的盈利模式。」

二、供應鏈優化：開拓新型業務

「卓越供應鏈方案」的第二個階段是「供應鏈優化」。在此階段，我與梁總經理盤點了睿麟集團的整個供應鏈體系，包含計畫、採購、生產、運送與退貨等階段，配合診斷過程找到的切入點，規畫可優化獲利的提案。

「總經理，我知道耀麟公司該在哪裡挖金礦了。」經過評估後，我提議：「**耀麟公司應該站在物流公司的優勢之上，轉型成為資金平台！**」

梁總經理張大雙眼，滿臉不可置信：「我從來不知道物流公司可以轉型成為資金平台。我們沒那麼多錢可以出借啊。」

我向梁總解釋：「不是讓耀麟公司直接當借款方，而是由你們擔任供貨商和銀行之間的中間人。想想看，你們仍是睿麟集團的子公司，可以拿到集團向供應商下單的憑證。拿著這樣的憑證，等於有母公司幫忙背書，廠商去跟銀行談貸款時，將可

以貸到更高額度，而且利率將會更低。」

「對銀行而言，有大公司願意做擔保，大幅減低他們的貸款風險，是他們求之不得的事情。」總經理也認可這個方向。

「若這個業務做出規模，耀麟公司將能代表成百上千家廠商向銀行貸款。對銀行而言，大集團擔保的貸款幾乎無風險，一定樂意配合。如此一來，耀麟公司能夠幫客戶解決融資問題，還需要擔心爭取不到業務嗎？甚至，在這個過程中，耀麟公司再向客戶多收取一筆服務費，也是很可以想像的事。」我繼續補充，梁總經理也聽得興高采烈。

「但是這項提案要能通過，可能還需要集團同意，以及採購部門的配合。他們又為何要配合我呢？我和他們共事多年，他們可不好說服。」梁總經理才開心不到十分鐘，又陷入了憂愁。

總經理的考量點也在我們規畫與服務的範圍內，是我們要進行的下一步。

三、內部溝通協同：攜手專業顧問提案

「卓越供應鏈方案」的第三個階段是「內部溝通協同」。在此階段，我們要確保規畫的方案對於集團整體、集團各部門都能造成正向效益，同時幫助公司內部溝通協調，讓提案能夠得到廣泛支持。

第二十四章
卓越供應鏈：深入公司，挖開潛在礦藏

於是我們開始全盤檢視睿麟集團，看看每個生產部門可以從耀麟公司的轉型計畫中取得什麼樣的益處。在檢視過程中，我注意到一件事：睿麟集團的採購部門對上游供應商常常缺乏信任，擔心無法準時得到供貨。

於是我們進一步納入一個方案規畫：當供貨廠商委託耀麟公司協助申辦貸款，其中一個條件是，生產進度資訊需要以製程追蹤（Po Tracking）的方式向耀麟公司（以及背後的睿麟集團採購部門）開放即時檢視。據此，耀麟公司將能協助母公司的採購部門更完善地掌控供貨商的生產進度，確保準時交貨，有助於睿麟集團製造部門順利完成生產。而同樣的機制也能幫助銀行掌握貸款公司的出貨情況，提升貸款的意願。

看到這樣的規畫，梁總信心大增。方案已具說服力，我還要進一步安排，確保這個方案能十拿九穩地成功：「梁總，我已經邀集數名經驗豐富的國外權威顧問，可以向睿麟集團高層以及所有相關部門說明這項方案的重要性和價值。從下星期開始，請幫我們安排會議吧。」

於是在梁總安排之下，我和顧問團隊逐一向各部門和高層主管溝通，說明此項提案將可以如何助益睿麟集團的營運。一圈溝通下來，得到了高度的認同與肯定。睿麟集團高層表態支持，相關部門也願意配合。

The Death of Supply Chain Management
and the Rise of PI

「Shelton，真是太好了，原本以為製造部門不會願意幫忙，果然還是要有外部專家背書與協調，過程才會順利許多！」一邊慶祝進展，梁總又開始不安：「你覺得這個轉型計畫多久能見到實效、產生具體成功案例呢？」

我笑著回答：「一定會比妳預期得更快！」

四、快贏與改善：具體實踐，掌控全流程進展

「卓越供應鏈方案」的第四個階段是「快贏與改善」。我們要確保這個計畫很快就能取得成效，讓各方關係人都能安心、更堅定地支持。

於是我們找了第一間上游廠商和銀行，開始締造第一個成功案例，並且在過程中詳細檢視遇到的每個難關，累積解決方法，為日後大規模複製成功案例奠定基礎。

第一個案例完成貸款時，梁總轉告她看到的情況：「幫助供應商取得集團的購買憑證，並透過製程追蹤讓銀行知道廠商的製造進度，銀行的放貸意願果然提高。母公司的製造部門也同步掌握製程進度，廠商的原物料是否抵達？是否已經在產線生產？這些重要資訊都能掌握後，就不用擔心生產延誤，他們也不介意出具憑證所帶來的一些麻煩了。」

進展相當順利，驗證了我們的構想可行，接著就能擴大應

用規模。

五、資源整合：複製成功，拓展合作

「卓越供應鏈方案」的第五個階段是「資源整合」。經過成功案例驗證方案可行後，就可以複製成功經驗，擴大成果——這個階段往往需要更多資源投入。

「我們要將前導案例中的執行步驟變成系統性的工作流程，甚至進一步將工作流程轉為系統化平台，如此才能簡化人力，加快速度，也便於數位化管理。」我對總經理提出方案。

「沒錯，有資訊化系統，我們才能服務更多客戶。」想到公司的前景，梁總經理顯得迫不及待。

我接著說：「在建置系統的同時，我們可以開始開發客戶。另一方面，也要與更多銀行合作，讓貸款來源增加。當耀麟服務數百上千間廠商，並與數十間銀行合作，耀麟就是一個融資平台了。我看不用幾年，公司的營收就要從八億增長到八百億。」

「好像很難服務到上千間廠商吧？與睿麟集團有往來的供應商也不見得有一千家呀。」梁總經理以為我在開玩笑。

我笑著向梁總解釋：「耀麟公司的服務模式只限於睿麟集團的供應商嗎？不見得吧！這個模式對於所有大型集團以及他

The Death of Supply Chain Management
and the Rise of PI

們的供應商,應該都是適用的。如果擴大你們的營業與服務範圍,將幫助更多企業,公司的利潤也會隨之倍增。」

梁總經理聽了眼神一亮,已經可以預見公司發展的無限可能性。

六、持續卓越：持續循環,放大規模

「卓越供應鏈方案」的第六個階段是「持續卓越」。我們會協助客戶不斷檢視策略、優化流程,找尋新的增長點、新的商業模式,不斷把原本花錢、不賺錢的單位,變成利潤來源。

透過我們的輔導,耀麟公司已經從不知如何開發業務的狀態,蛻變成案件接不完的狀態。即使已有顯著進展,我們仍然定期討論,提出優化方案。在幾年間,又逐步達成了令人欣喜的成果：

- 由於此機制助益客戶極多,因此耀麟公司可以收取相當豐厚的服務費。
- 從協助企業(大集團上游的供應商)向銀行貸款,耀麟公司逐步走向直接向銀行貸款,然後再貸款給客戶。
- 耀麟公司可以一次從銀行貸到大筆金額,後續隨客戶的製造進程,再逐步核貸給客戶,於是其手上就有大量存款可以賺取利息。

第二十四章
卓越供應鏈：深入公司，挖開潛在礦藏

- 由於耀麟公司規模甚大，對銀行也具有高度議價能力，因此貸款利率可以遠低於貸給客戶的利率，利息差獲利極為可觀。

在梁總的高效執行之下，沒幾年，耀麟公司的營收就達到數百億規模，最後走向上市。現在耀麟公司仍沒有停止找尋商業模式優化的契機，正在嘗試運用其既有的基礎，往電商領域進軍。

那又是另一個故事了。

發現供應鏈縫隙中的金礦，實現「卓越供應鏈」

透過這個服務個案，我們看到一間企業在發現其供應鏈中隱藏的機會時，可以透過經營模式的優化實現多大的獲益潛力。

耀麟公司原本是一家物流公司，透過「卓越供應鏈」得以轉型成資訊服務公司，後來再成為金融服務公司；從出賣苦力賺錢，變成靠專業服務賺錢，最後能賺取豐厚的金融利潤；起初面對大量相同的競爭者，最後演化出可謂獨一無二的商業模式。

原本看似不起眼、血汗勞動的物流公司，發現了其掌握的資訊，只要善加利用就是寶藏，可以帶動上千億的營收。而且在此個案中的參與者，包含上游廠商、銀行、客戶、集團，每

The Death of Supply Chain Management
and the Rise of PI

一方都獲得利益。

這就是導入「卓越供應鏈」的威力。

這並非特定公司才能享有的機會。透過「卓越供應鏈方案」的六個步驟，你的事業也可能實現一樣的蛻變與突破：

一、**診斷諮詢**：由專家團隊檢視公司內部資源、供應鏈實況，找到擴展與突破既有業務的方案。

二、**供應鏈優化**：展開供應鏈的全流程，從計畫、採購、生產、運送、退貨過程中尋找具體的優化方案，制定方案執行細節。

三、**溝通協調**：確認優化方案後，委派專家向公司高層說明提案，以及協調相關部門，擔任溝通橋梁，確保工作順利進展。

四、**快贏改善**：挑選能快速達成的案件，實際驗證方案成效；在此過程中克服具體的困難、優化作法，並將執行方式流程化。

五、**資源整合**：複製成功案例，擴展規模；在此過程中，投入適當的資源將流程系統化，以賺取更多利潤。

六、**持續卓越**：基於已驗證成功的經營模式，找出更多帶來價值的新可能性，並且在供應鏈運作上不斷減少成本。

如這個案例所顯示，導入卓越供應鏈將是公司找尋增長點

的利器,同時是走向實體互聯網最佳的準備工作。

在導入卓越供應鏈的過程中,將能全面檢視公司內外部協同的欠缺之處;而這些協同的縫隙,正是節省成本、發掘利潤的契機。在企業進一步走向實體互聯網之際,前進速度及規模將得以加乘,效益將得以倍增。

在進入實體互聯網新紀元的當口,不僅決策層必須有新策略,管理層與執行層都要有具備正確思維與技能的人才,成為公司蛻變轉型的中堅力量。而這樣的人才,我已經在幫企業預備與培育了。

The Death of Supply Chain Management
and the Rise of PI

第二十五章
供應鏈將死，新時代人才帶給企業新生

AI 時代，人才能力的定義將徹底顛覆

　　AI 時代的來臨，加上實體互聯網即將普及，將會為物流暨供應鏈管理帶來天翻地覆的變化。請問，你跟上了嗎？

　　我常搭計程車，而且總是優先用 APP 平台叫車。每到尖鋒時間，平台上一車難求，顯示他們的生意有多好。然而，當一輛不靠行的計程車駛到我面前停下，我明明在叫車卻不敢坐上車，因為擔心有菸味、不乾淨，或車況不好，所以我寧願繼續等平台上的車。

　　這樣的現象幾乎普遍存在各大都市。

　　在人工智慧、自動駕駛、機器人相繼出現後，供應鏈的運作模式變化將日益明顯。未來十年，沒有搭上這班實體互聯網列車的企業，命運很可能類似於單打獨鬥的計程車司機，愈來愈缺乏競爭力、生意愈來愈差，最終被市場淘汰。

　　許多人還沒意識到這個現象正在發生，而且後果很嚴重。無論物流業或所有產業，都亟需一場「人才」大改造，讓產業

重新換血。

物流業將大改造，從基層到高層都需換腦

在科技、環境劇變的過程中，想要重啟新生，物流業公司從基層員工到決策高層，全部都需要更換新的思維、新的作法。

過去物流業的基層員工多數專注在單一性質的工作，例如：駕駛物流車、搬運貨物、包裝整理，而未來這些工作都會被新科技取代。你確定還能靠這些工作在未來存活下去？

面對未來，物流業基層員工應該致力成為「行動客服」。行動客服必須有面對客戶的技能，與科技協力回應客戶多變的需求，以溫暖熱忱的態度完成無法被科技取代的互動溝通。

過去物流業高層多數專注在爭取更多客戶，以及壓低員工的薪資來增加公司獲益。這樣的作法能否長遠我們都心知肚明，在少子化的未來，還有人願意被壓榨嗎？

面對未來，物流業高層應該要增加和客戶之間的協同，引入新時代的科技，例如：數位孿生技術、AI 自動決策系統，同時要幫助基層員工學習實體互聯網思維，增加工作價值。

走向未來，物流業需要經歷大改造——建立數位孿生系統，以便能更精準地追蹤貨物和優化營運流程，並從數據中挖掘有價值的資訊。這些策略革新有賴具備實體互聯網知能的基

The Death of Supply Chain Management
and the Rise of PI

層員工與決策高層一同推動。

不僅物流業,所有產業的人才定義與能力培訓,都要同步升級。

所有產業大改造:實體互聯網時代需學習協同思考

「實體互聯網應該是物流公司的事,跟我的產業沒關係吧?」有些人可能會有這樣的誤解。

實體互聯網時代來臨,將是所有產業改變的契機,也是必須改變的關口,無人能置身事外。企業中每個部門的基層人才、中層主管、決策高層,都需要經歷一場大改造,才能成為新時代的贏家。

在人才方面,首先應帶頭改變的是供應鏈部門,需要引入具有「供應鏈架構師」資格的人才,負責導入實體互聯網架構,協助企業運用新系統增加獲利、強化供應鏈韌性,並符合國際環保與淨零的原則。

不僅供應鏈部門,公司所有部門都要學習換位思考,例如:研發部門在產品研發的過程中就要考慮後續運輸、包裝、拆卸的全流程規畫;財務部門則要主動了解其他部門的需求與困難,協助爭取預算資金。

最重要的是,公司高層要能看見實體互聯網時代的新契機

及切入點,願意投入變革所需要的資源,未來才能運用這份新優勢,開發出全新業務以增加利潤。

無論是在哪個產業,缺乏新時代的人才,就會像是沒有跟上新平台的計程車司機,逐漸無法獲利;反之,則將能收獲新時代的紅利。這是非常清楚的事。

台灣智慧物流暨供應鏈學校培養新一代人才

「Shelton,如果我想要在企業中培養實體互聯網的思維,以及上述提到的知識和能力,台灣有沒有哪裡可以學啊?」每當我談到此處,業者總會焦急詢問。

「不,目前台灣根本沒有。」許多次我只能滿懷遺憾地回答。每次回答,我都更清楚看到需求是如何迫切。

我在職場觀察多年發現一件事:實體互聯網的核心精神,就是企業與企業之間深度的信任關係;而人與人之間要建立信任關係,最快的方式之一就是「同窗情誼」——一起學習過。

經過長期的反覆思考,我決定在 2025 年發起建立一所學校:「台灣智慧物流暨供應鏈學校」,用以培育物流暨供應鏈管理時代所需的人才。這是我對自己,以及對台灣產業界的承諾。

這所學校會和美國喬治亞理工學院建立深度合作,引入師資以及課程。喬治亞理工是實體互聯網的發展先驅,該學院的

The Death of Supply Chain Management
and the Rise of PI

Benoit Montreuil 教授已經研究相關專業超過二十年。與之合作，將讓這所學校一舉與世界頂尖齊平。

學校將位於實體互聯網實驗孵化基地[15]，內有無人商店、新零售模式的示範中心，以及製造、醫藥、電商、冷鏈食品等四種發貨模擬情境，提供完整的學習場域。課程中也會運用 AI 模擬實務情境，並使用 Vision Pro 進行虛擬沉浸式的學習。

這所學校的硬體與空間規畫已經完備：實驗場域、孵化基地、AI 及機器人實驗室、自主汽車與運載工具、機器人與無人機送貨等等。基於這些資源，學員可以在沉浸式體驗中學習到最新且最尖端的技術。

「台灣智慧物流暨供應鏈學校」將會開出對應企業實際需求的課程模組，可以有效幫助企業銜接實體互聯網，包含：

- 實體互聯網供應鏈架構師（喬治亞理工碩士學位）
- 實體互聯網供應鏈架構師（高階認證）
- 實體互聯網智慧供應鏈管理師（基礎認證）
- SOLE 物流經理 DML（Demonstrated Master Logistician）認證

---

15. 詳細介紹可參見本書第二十二章。

- SOLE 物流資深管理師 DSL（Demonstrated Senior Logistician）認證
- SOLE 物流管理師 DL（Demonstrated Logistician）認證

這些課程都是針對不同客群需求而進行設計，課程的學習方式有三個層次：

一、知識：讓學員了解實體供應鏈的概念與運作原理、具體技術，以利後續課程運用。

二、應用：讓學員嘗試將技術應用在實際案例上，達成企業運作的具體要求。

三、創新：鼓勵學員開創新的方法與工具，克服當前無法解決的難題。

在供應鏈學校的課程中，預計會招收八十位年輕人及三十位企業主，並讓雙方協同學習：由企業主基於營運實況出題，再由年輕人提出實體互聯網的創新方案，以確保學習與開創的過程能具體助益企業。

供應鏈學校的師資將是由深具業界實務經驗的的專家擔任，如下表所示：

師資名稱	經歷
Calvin Hao	有三十多年物流營運經驗,曾經是夏輝公司的營運總監,幫助公司的訂單完成服務率從 92% 提升至 99.5% 以上。
Ray Tien	資深的物流暨供應鏈管理者,擁有二十六年實務經驗,管理過七百二十名營運人員,以及十四間經銷商中心,擅長領導及制定企業策略願景。
TK Yeung	曾在聯合利華工作超過十五年,負責中國與亞太區的資訊科技發展策略,擁有豐富的 ERP 運用、客戶關係建立,以及軟體開發經驗。
John Burke	有多年 SAP(企業資源規畫)軟體的導入經驗,曾經在墨西哥安裝及導入 VMI 倉儲系統。
Jerry Huang	杰倫智能(Profe AI)CEO,擁有協助企業 AI 快速實際應用的豐富經驗,包括製程改善(製造參數推薦、關鍵參數預測)、品質預測(虛擬量測),以及設備診斷(預防維修、異常偵測)快速預測、模擬、最佳化數位智慧與經驗等,以提升競爭力。

表 9 「台灣智慧物流暨供應鏈學校」的預備師資

這所學校的願景,是讓台灣成為亞太區實體互聯網新思維變革的領頭羊,在人才培育與業界接軌上做到領先亞洲,並複製模式到亞洲各國,將影響力最大化。

第二十五章
供應鏈將死，新時代人才帶給企業新生

交誼廳	無人商店（前店後倉）	發貨中心DC（智慧物流系統設備導入驗證實境）
開放空間		智慧物流系統廠商駐點互動展示中心
辦公室	人才培訓資格認證檢定場	
		廠商駐點辦公室

圖18 「台灣智慧物流暨供應鏈學校」的一樓平面圖

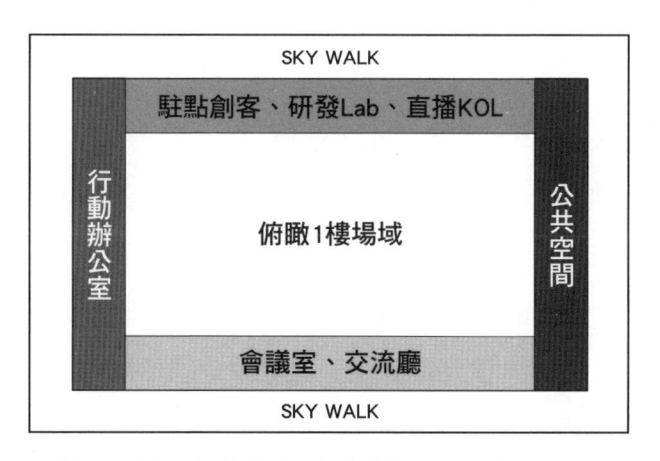

圖19 「台灣智慧物流暨供應鏈學校」的二樓平面圖

（二樓平面圖內容：SKY WALK、駐點創客、研發Lab、直播KOL、行動辦公室、俯瞰1樓場域、公共空間、會議室、交流廳、SKY WALK）

The Death of Supply Chain Management
and the Rise of PI

學透實體互聯網,迎接「供應鏈之死」

現在是一個需要重新學習供應鏈的新時代。誰需要學習?企業的每個人!

我並非鼓吹人人都要成為「供應鏈專家」,供應鏈不該是特殊學科,因為究其本源,供應鏈管理包括規畫、採購、製造、運送、退貨等課題,其實已涵蓋了一切的經營活動。所有的企業運作,包括法務、財務、研發,不都是為了維持供應鏈、改善供應鏈,以及在供應鏈上落實。

事實上,據我所知,每個優秀的經營者都是供應鏈專家。過去十年,最為大家所熟知的案例就是蘋果公司的執行長庫克(Tim Cook),他以供應鏈專家的身分,將蘋果從優秀創新公司,提升成世界第一的消費電子帝國。

輝達執行長黃仁勳顯然也是供應鏈思維的高手,他最重視的地區不是設計時尚的巴黎,不是金融重鎮紐約,而是其供應鏈基地:台灣。

不少人還以為供應鏈管理只是企業經營的局部課題,甚至以為供應鏈管理就是找最便宜的物流公司,把貨送到即可。只要這樣的誤解還存在一天,企業就無法達到最佳營運效果,不會真正健全,走向壯大。

第二十五章
供應鏈將死，新時代人才帶給企業新生

我相信不久之後，每一間公司都會理解：供應鏈管理事實上已經對應企業經營的一切活動，企業管理和供應鏈管理的涵蓋範疇其實完全重合。到那時候，就是「供應鏈管理」這門學問死亡的時候，因為供應鏈知識已主導所有商管學門；到那時候，也將是「供應鏈部門」從企業中消失的時候，因為企業中的一切莫不是供應鏈活動，每個企業人都應該熟悉供應鏈，而供應鏈管理者正該是總經理、CEO 本人。

當「供應鏈」這個概念消失，我身為一輩子的供應鏈專家，可以自豪地預言：從此開始，企業將迎來新生與壯盛。

請牢記一件事：掌握供應鏈思維，才能管理好一間公司。而在即將接軌實體互聯網的時代，學透供應鏈，才能學透未來企業經營最重要的底層邏輯。這也是本書取名為《供應鏈之死與 PI 的崛起》的原因。

我已經預見，希望你也已經理解：當「供應鏈」成為企業經營的全部，當實體互聯網將改造生產流程中的一切，具備新思維、能重新組織人才並運用工具的人，會讓企業獲得更美好的新生。

The Death of Supply Chain Management
and the Rise of PI

學習永不停歇 QRcode
掃描並訂閱，探索 AI
與 PI 的未來，成為
業界變革的領先者

結　語
供應鏈之後，實體互聯網將成為企業運作的核心

人工智慧正在改變世界，引領產業革命

　　2024 和 2025 年，輝達創辦人黃仁勳多次來台，在台大、Computex 等場合發表重量級演講，他提到的多項未來發展趨勢，和實體互聯網的理念不謀而合。

　　例如：輝達團隊正與多國公私部門合作，打造一套 Earth-2 數位孿生模型，用來模擬真實世界，預測地球未來變化。這套模型融合人工智慧、物理模擬和觀測數據，已經可以準確預測極端氣候。

　　時至今日，能模擬整個現實世界氣候因素的系統已經成真；相較而言，支持實體互聯網的數位孿生系統，只需涵蓋容器、運具、倉庫、工廠、產品等元素，運算更為簡易。可以預期，這方面的商用必然會發生。

　　黃仁勳在演說中也明確展示，未來機器人將會更加聰明、靈巧、精準，即將大量取代產業中的搬運、裝卸、駕駛運輸

The Death of Supply Chain Management
and the Rise of PI

等勞力，以及重複性高的工作。在倉庫、物流車、所有零售店面，工作場景都會發生大改變，而這樣的轉變已經在進行中。

在黃仁勳的演講裡，我們看到人工智慧已在協助企業做大量的自動化決策，能因應資料即時更新進行快速反應。我們可以從中窺見：未來在各種產業中，下單、生產、運輸、配送、儲放等種種決策，都將交由人工智慧進行研判與最佳化。

他的演講造成了全球轟動，尤其是演講最後點名台灣供應鏈是帶動人工智慧發展的重要推手，讓台股加權指數在盤中一度大漲四百點，輝達股價也上漲 4.9%。

全世界都已經知道人工智慧正在改變世界。然而，人工智慧對物流暨供應鏈管理的運作將造成什麼樣的革命性變化？我們該如何運用與因應？台灣目前幾乎還沒有人意識到這個課題的嚴重性。

本書可謂是台灣產業界中，首度將人工智慧對供應鏈帶來的機會與衝擊，進行完整呈現與解析。

AI 將會真真切切改變整個生產體系，而在供應鏈發生的劇變，就是本書探討的實體互聯網。實體互聯網將是台灣產業界下一波的發展紅利。企業要把握住這波浪潮，實體互聯網是實體 AI 最能夠實際發展的下一個場景，而關鍵的改變就在於你的作為。

結　語
供應鏈之後，實體互聯網將成為企業運作的核心

實體互聯網將為所有產業解開死結

　　製造業、物流業、零售業是實體經濟的基石，本應脣齒相依、攜手合作，但如本書開頭所述，長期以來它們總是困於相互對抗、壓制、傷害的死結。

　　實體互聯網的來臨並不只是某些企業增加了訂單或營收，更將全面改造經濟運作，解開過去的死結，開拓過去未見的康莊大道：

　　有了實體互聯網，製造業將能脫離長鞭效應的震盪波動，從緊急趕單、超時加班、昂貴人工與物料成本，轉變為融合 AI 的 VMI 出貨模式，藉由製造業主導供應鏈的生產節奏，將成本壓到最低，讓銷售量最大化。

　　有了實體互聯網，物流業將能脫離勞力密集、低毛利、競爭嚴酷、費用被砍到見骨的狀態，透過和同業協同共配，增加硬體標準化，以及建立數位孿生系統，找出最有價值的數據，挖掘過去忽略的金山銀礦。

　　有了實體互聯網，零售業將能從庫存壓力中解脫，透過和同業協同共配、共用運具、由製造業主導的 VMI 下單模式，將能降低成本、增加利潤、減少碳排，同時最高程度滿足市場需求。

The Death of Supply Chain Management
and the Rise of PI

　　有了實體互聯網，員工不再是公司可有可無的螺絲釘，抱持少做少錯的心態混工作。員工所有能增加企業利潤的貢獻，都能同步反應在薪資報酬上，這將提升員工的貢獻意願及積極度。

　　有了實體互聯網，企業將可以最高程度確保內外部協同，排除過去因為難以提高效率而無法減低的成本，克服少子化、高動盪、限碳排的時代挑戰，專注實現核心價值主張，達成獲利增長。

　　如果你還不確定企業是否該走向實體互聯網，可以問問自己以下幾個問題：

- 面對生產體系正在發生的大變革，你是否已經找到使用人工智慧改造運作的策略？
- 在少子化的時代，缺乏充裕的人才人力，你準備好應對方式了嗎？
- 在全球變遷加劇的時代，你要如何具備變動靈活性和供應鏈韌性？
- 你已經有具體的協同方案，可以用來增加獲利與減少成本嗎？
- 你已經能夠透過供應鏈策略，實現企業不可替代的價值嗎？

結語
供應鏈之後，實體互聯網將成為企業運作的核心

- 你是否已經找到一套方案，有助全供應鏈淨零及永續發展？

如果你已經做好全面準備，面對人工智慧帶來的變遷與禮物，你會發現台灣處處是發展機會，充滿著潛力。

如果你還沒有做好準備，將會面臨許多危險與挑戰，稍一不慎，個人和企業將會墜落谷底。

供應鏈之死，實體互聯網崛起

接下來的二十五年，有許多人的專業以及許多公司的商業模式，都將發生巨大改變；許多工作會被機器人和人工智慧取代。然而，不變的是，貨品的流通與配送需求。

台灣體量適中，人口密集，具備完整的交通與基礎建設，我認為台灣未來有極大潛力成為亞太區實體互聯網的樞紐。

實體互聯網將會主導未來企業發展運作的中心地位，而它並非過往一般企業中「供應鏈管理」的範疇與思維。

過往企業對「供應鏈管理」的思維往往限於「找到更便宜的物流公司」；現今，實體互聯網將依據企業的價值主張、供應鏈戰略，優化每個人、各單位、跨公司、跨產業的協同運作。

我們所迎向的時代，實體互聯網將成為企業運作的核心，

The Death of Supply Chain Management
and the Rise of PI

企業所有經營的實務都將圍繞著「供應鏈管理」展開。屆時「供應鏈管理」這個詞、這個單位、這個專業,也將不復存在。「供應鏈管理」就是「企業管理」。

供應鏈將死,實體互聯網將帶來所有企業新生的契機。

以實體互聯網為核心的企業運作模式,將成為業界真正的顯學。而這個趨勢,將是企業中每個人最重要的能力與思維。企業若不學習,將被產業邊緣化;個人若不學習,將難以適應未來的企業運作。我看到許多企業主、主管、員工、社會新鮮人,都在為此焦慮。

面對新時代的學習需求,「台灣智慧物流暨供應鏈學校」在 2025 至 2026 年間成立。此學校會與台灣政府與代表性企業深度合作,帶來跨知識學習、具體應用,以及創新試驗三種層次的教學內容。學員將在實際課題中深度理解實體互聯網時代,部門之間、企業之間、國家之間的協同運作。

每個人、每個企業都必須在新時代學習供應鏈。短期,可以打造快贏策略,增加獲利的方式;中期,將讓企業走向穩定營運,保有足夠韌性對抗變動;長期,確保企業永續淨零,友善世界。

時代巨變總有兩個面向:一是契機,一是危機。我們會站

結　語
供應鏈之後，實體互聯網將成為企業運作的核心

在哪一面，將取決於我們現在的判斷與決策。

　　你的選擇是什麼呢？

國家圖書館出版品預行編目資料

供應鏈之死與PI的崛起：實體AI如何革命性的推動下一個時代智慧物流暨供應鏈管理、改變我們賺錢的方式 / 詹斯敦著；謝宇程、葉奕緯撰文. -- 臺北市：商周出版，城邦文化事業股份有限公司出版：英屬蓋曼群島商家庭傳媒股份有限公司城邦分公司發行, 2025.04
　　面；　公分.
　　　　ISBN 978-626-390-257-2（平裝）
1.CST: 供應鏈管理 2.CST: 產業發展
494.5　　　　　　　　　　　　　113012121

線上版讀者回函卡

供應鏈之死與PI的崛起
實體AI如何革命性的推動下一個時代智慧物流暨供應鏈管理、改變我們賺錢的方式

作　　　者	詹斯敦
撰　　　文	【真識團隊】謝宇程、葉奕緯
責 任 編 輯	陳玳妮、程鳳儀
版　　　權	吳亭儀
行 銷 業 務	林秀津、周佑潔、吳淑華、林詩富
總　編　輯	程鳳儀
總　經　理	彭之琬
事業群總經理	黃淑貞
發　行　人	何飛鵬
法 律 顧 問	元禾法律事務所　王子文律師
出　　　版	商周出版
	115台北市南港區昆陽街16號4樓
	電話：(02) 25007008　傳真：(02)25007759
	E-mail：bwp.service@cite.com.tw
發　　　行	英屬蓋曼群島商家庭傳媒股份有限公司 城邦分公司
	115台北市南港區昆陽街16號8樓
	書虫客服服務專線：02-25007718；25007719
	服務時間：週一至週五上午09:30-12:00；下午13:30-17:00
	24小時傳真專線：02-25001990；25001991
	劃撥帳號：19863813；戶名：書虫股份有限公司
	讀者服務信箱：service@readingclub.com.tw
	城邦讀書花園：www.cite.com.tw
香港發行所	城邦（香港）出版集團有限公司
	香港九龍土瓜灣土瓜灣道86號順聯工業大廈6樓A室；E-mail：hkcite@biznetvigator.com
	電話：(852) 25086231　傳真：(852) 25789337
馬新發行所	城邦（馬新）出版集團 Cite (M) Sdn. Bhd.
	41, Jalan Radin Anum, Bandar Baru Sri Petaling, 57000 Kuala Lumpur, Malaysia.
	Tel: (603) 90563833　Fax: (603) 90576622　Email: service@cite.my
封 面 設 計	徐璽
攝　　　影	Lorenzo Pierucci
排　　　版	芯澤有限公司
印　　　刷	韋懋印刷事業有限公司
總　經　銷	聯合發行股份有限公司
	電話：(02)2917-8022　傳真：(02)2911-0053
	地址：新北市231新店區寶橋路235巷6弄6號2樓

感謝民航局、桃園機場以及聯邦快遞協助書籍封面與宣傳影片的拍攝作業。

■2025年4月8日初版　　　　　　　　　　　　Printed in Taiwan
定價550元

城邦讀書花園
www.cite.com.tw

版權所有，翻印必究 ISBN 978-626-390-257-2